U0216870

梦 的 诞 生

BJD摄影与后期修图

Lenz宁子
修灯的Cubewishper
Koharu
编著

电子工业出版社
Publishing House of Electronics Industry
北京·**BEIJING**

读 者 服 务

读者在阅读本书的过程中如果遇到问题，可以关注"有艺"公众号，通过公众号中的"读者反馈"功能与我们取得联系。此外，通过关注"有艺"公众号，您还可以获取艺术教程、艺术素材、新书资讯、书单推荐、优惠活动等相关信息。

投稿、团购合作：请发邮件至 art@phei.com.cn。

扫一扫关注"有艺"

图书在版编目（CIP）数据

梦的诞生 ：BJD摄影与后期修图 ／ Lenz宁子，修灯
的Cubewishper，Koharu编著. -- 北京 ：电子工业出版
社，2025. 2. -- ISBN 978-7-121-49255-6

Ⅰ．TS958.6

中国国家版本馆CIP数据核字第2024YZ7903号

责任编辑：于庆芸
印　　刷：北京宝隆世纪印刷有限公司
装　　订：北京宝隆世纪印刷有限公司
出版发行：电子工业出版社
　　　　　北京市海淀区万寿路173信箱　　　邮编：100036
开　　本：787×1092　　1/16　　印张：17.5　　字数：476千字
版　　次：2025年2月第1版
印　　次：2025年2月第1次印刷
定　　价：138.00元

凡所购买电子工业出版社图书有缺损问题，请向购买书店调换。若书店售缺，请与本社发行部联系，联系及邮购电话：（010）88254888，88258888。

质量投诉请发邮件至zlts@phei.com.cn，盗版侵权举报请发邮件至dbqq@phei.com.cn。

本书咨询联系方式：（010）88254161~88254167转1897。

前言

初识 BJD（球形关节人偶）世界的契机，源自一本名为《黑色禁药的娃娃养成手册》的书。2008 年，在书店邂逅它的那一刻，我踏入了一片未曾涉足的新天地。自 2010 年珍藏第一个 BJD 开始，至今已历经 14 载光阴。

我在本科阶段专攻照明艺术，硕士时期又选择了人像摄影，深化摄影研究，BJD 成了我探索摄影艺术的理想载体，也成了我对完美形态追求的实体化体现。

在这段旅程中，我从一个入门者成长为一名摄影师，BJD 摄影起到了至关重要的作用。我不仅积累了丰富的拍摄经验，创作出了让自己快乐的作品，还得到了朋友们的支持和鼓励。为了不辜负大家的这份喜爱，我开始在微博上分享一些简要的教程。

然而，随着工作和生活的变迁，我投入在 BJD 摄影上的时间逐渐减少。2022 年年底，电子工业出版社向我发出热情邀约，我也终于下定决心，将自己十余年拍摄 BJD 的心得和体会，结合自己所学的专业知识，进行了系统性的梳理与总结，呈现给一直关注我、喜欢我的朋友们。

自 2022 年 11 月受邀开始构思，到 2023 年 8 月底完成文稿，其间我翻阅了历年积累的 BJD 摄影作品，挑选其中具有代表性的案例，重温那些灵感乍现的时刻和收获满意之作时的喜悦。为了更好地解答初学者可能面临的常见问题，我广泛征询了身边朋友的意见，并细心整合，希望给出的详细解答能扫除初学者在 BJD 摄影道路上的困扰。

在此，我要衷心感谢电子工业出版社和 Lenz 宁子老师的盛情邀请，也深深感激给予我持续鼓励与支持的朋友们。正是有了他们的陪伴与激励，我才与 Lenz 宁子、Koharu 共同完成了这部倾注心血的作品。

我不敢称此书为权威教程，但它确实凝聚了我亲身实践的体验与感悟，我期待每位翻开此书的读者，都能和我一样感受到创作作品所带来的满足与快乐。我希望本书能为初涉这一领域的摄影爱好者们铺就一条启迪之路，期待他们的摄影之旅也能满载欣喜与成长。

更重要的是，我希望本书不仅能传递摄影技术的秘诀，还能承载一种情感与精神：在 BJD 摄影之路上，发现自我表达的乐趣，品味将无限想象转化为现实作品的成就感，让每一次按下快门的瞬间都成为一次充满惊喜与感动的创造性实践。

修灯的 Cubewishper

2024 年春

几年前，我在接受一次 BJD 专题采访时被问道："随着时间的推移，对娃娃的感情有着怎样的心路变化历程？"这个问题无论过去多久，都可以激荡我的内心，我的回答始终如一："每次玩娃娃的时候，心情都还像第一次拥有自己的娃娃时一样激动。"这份激动发生在每次举起相机在取景框里看着娃娃的脸按下快门的那一刻，也发生在我受邀将自己多年的 BJD 摄影心得分享成书的那一刻。

BJD 摄影听起来是一个简单的概念，就是以 BJD 为被摄主体进行拍摄。无论是初入娃圈的"新人娃妈"，还是轻车熟路的"老娃娘"，每一个"娃妈"都会举起不同的拍摄工具来记录自己的娃娃，取景框里凝固的不仅是时间，还有那个瞬间的心情——"今天的阳光很好""我的宝宝真是太好看了""花园里的蔷薇和新衣服的颜色很配""脑海里关于玩偶之间的故事就应该发生在这个转角"……这些凝固的瞬间让我们在不管多远的未来翻看相册时，拍摄的记忆都会如同结冰的溪流遇到春日一般，瞬间解冻，让我们重返过去那一刻。

我一直将给娃娃拍照这件事既看成一个技术动作，又看作一次情书写作，每次拍摄的大体构思、服装搭配、布景方式及后期选择，都是经过我本人精心打磨的。我想，既然是情书，那就一定要定格最美好的爱意瞬间，这是在记录娃娃，也是献给我自己的珍贵回忆。所以，这一次受邀出书，我也想把我的经历与经验总结成册，献给每一位读者。

从 2023 年 2 月执笔到 2023 年 8 月完成文稿，这段经历我永远不会忘记。敲完文稿最后一个字的时候，我突然意识到，BJD 在身边陪伴的日子早已长过我未曾与它们相遇的日子。我的娃娃在我的生命中已经镌刻出足够深刻的印记，让我从一个孩子长成大人却依旧保持着一颗"幼稚"的心，让我大胆地用相机"书写"如同白日梦一样的献给娃娃们的"情书"。那一刻我真正相信：或许幼稚才是我们拥抱世界、感触自我的最好方式。我不再是孤身一人，因为无论如何我的娃娃们都会在我的生命中停留很久很久。

我尽最大的努力分享自己的经验，力求给读者提供翔实的教程。在截稿日期内交稿后不久，编辑通知我稿件内容完成初审。在 8 月的蝉鸣声中，我放下心来，心底流过一股清泉。摄影教程，特别是娃娃摄影教程，在这个日新月异的娃圈是非常有时效性的，早一步发出成册，就能早一步带给大家一些微小的启发，作为作者我也会感到无比欣慰。

我分享的是个人在多年玩娃和摄影时总结的浅薄经验，同时也是我与娃娃共同体验的珍贵瞬间，如果这些瞬间能给翻开本书的你一点点启发，我会感到不胜荣幸。希望翻开书的你永远拥有一颗童稚甚至"幼稚"的心，让每次拍摄娃娃的心情都如同第一次一般灿烂。

Lenz 宁子

2024 年春

从开始着笔时的沉吟思索，到完成时的依依不舍，这本书凝结了我这些年玩娃娃的心血和经验。这次写作也是对自己以往的一次回顾与剖析。

玩娃娃是我唯一坚持了近 7 年的兴趣爱好。记得初次接触它们，是因为当时的大学舍友经常"安利"我看一些其他玩娃人的摄影作品，于是慢慢地开始感兴趣，想着自己也"接"一只回来拍拍看。说不定未来还能带着它们一起游山玩水，将其作为"旅游搭子"。

由于一开始便抱着给它们拍照的目的，于是我一发不可收拾地迷恋起 BJD 摄影来。BJD 在旁人看来不过是玩具小人儿，但在我的心里，它们承载了很多。它们是我实现个人审美追求、接纳幻想落地的自由途径；它们是我窥探四季更迭、洞悉大千世界的窗口；它们是我连接五湖四海、承载艺术表达愿景的语言。小小的娃娃，让我的业余生活变了样。数不尽的想法一下子灌满了我的大脑，那些曾经无处表达的爱与美，如今具象化地摆在了我的面前。

可能是好奇与快乐充斥了大脑，我对 BJD 摄影的热情一直昂扬充沛。只要浮现了一种想法，我就迫不及待地想要实现它。再热的天、再冷的风、再艰苦的条件，都难凉热血。这种为了一件小事而不断努力的感觉，其实挺好的。人生在世数十载，能为自己找到一个"小确幸"的落脚点，是多少人可遇而不可求的呢？我们是幸运的，遇到了这些玩具小人儿，它们让我们人生的横截面变宽、变韧，它们用一种无声的言语告诉了我们平淡的日常里暗藏着这么多不可思议的小美好。我们选择了美丽的 BJD，也是 BJD 选择了本就美好的我们，料青山见我应如是。

我希望笔下的文字能与读者产生共鸣，能让读者"会心一笑"，发现原来我们的心灵如此契合。我曾经独自一人时在脑海中仔细琢磨过 BJD 摄影的点点滴滴，相信你也一样。让我们一起进步，一起成长，若能"开卷有益"，便是"得偿所愿"。

Koharu

2024 年春

目录 /Contents

001

第 1 章
BJD 摄影的独特魅力

1.1 BJD 摄影与其他题材的差异　002

1.2 零基础摄影入门　005
    1.2.1 曝光三要素和相关的基础操作　005
    1.2.2 我应该买哪款相机　014
    1.2.3 BJD 摄影常见问题　017

1.3 构图　019
    1.3.1 构图方法　020
    1.3.2 根据主题选用合适的构图　030
    1.3.3 让丰富的景别增添组图的
            故事感　031

1.4 摄影，一定要有光　037
    1.4.1 认识光线　037
    1.4.2 BJD 常用散光附件介绍　040
    1.4.3 BJD 常用聚光附件介绍　043
    1.4.4 基础布光与案例　046
    1.4.5 布光常见问题　063
    1.4.6 有限的场地和灯光道具
            拍摄实践　064

068

第 2 章
打造摄影场景

2.1 棚拍布景　069
    2.1.1 居家生活照　069
    2.1.2 前景 / 中景 / 后景　076
    2.1.3 单色背景棚拍的配色与布景　085

2.2 去大自然中取景　099
    2.2.1 修灯的野外探险　099
    2.2.2 宁子的野外探险　106
    2.2.3 Koharu 的野外探险　113

2.3 布景常见问题　122

124

第 3 章
用照片讲故事：打开你的脑洞

3.1 在楼道里举办时装发布会　125
    3.1.1 确定主题　126
    3.1.2 搜集资料　126
    3.1.3 实际落地　127

3.2 单人主题拍摄：在家完成的
    雪域高原旅行　134

3.2.1 脑洞概念确定 134

3.2.2 脑洞造型氛围落地 136

3.2.3 实际拍摄幕后 138

3.2.4 后期处理强调主体 140

3.3 多人互动拍摄：
穿越回奥斯汀笔下的 19 世纪 141

3.3.1 拍摄前期准备 142

3.3.2 实际拍摄幕后 144

3.4 芭蕾练舞室 147

3.4.1 主题场景的选择与实际
落地方案 147

3.4.2 主题服装的选择与人物形象的
塑造 150

3.4.3 预设人物镜头，绘制拍摄草图 152

4.5 "一本正经"却又"恰到好处"：
BJD 中式古典摆姿 190

4.5.1 寻找灵感，化为己用 190

4.5.2 站姿的应用 194

4.5.3 坐姿的应用 199

4.5.4 跪姿的应用 202

4.5.5 持物的应用 204

210

第 5 章
让娃娃像真人的秘诀：服装和道具

5.1 修灯的服装道具小心得 211

5.2 宁子的服装道具小心得 215

5.3 Koharu 的服装道具小心得 218

157

第 4 章
让娃娃像真人的秘诀：摆姿

4.1 多摆多拍 158

4.2 保持平衡的道具 158

4.3 现代风大女和男娃摆姿 161

4.3.1 从硬照姿势看大女摆姿的
基本原理 161

4.3.2 一些通用摆姿关键词 165

4.4 松弛感的塑造：BJD 坐姿摆姿 183

4.4.1 BJD 躯干和腿部的关节选择 184

4.4.2 松弛感坐姿案例 185

222

第 6 章
为照片加分的最后一步：后期处理

6.1 调色 223

6.1.1 Camera Raw 界面基础介绍 223

6.1.2 Camera Raw 基本调色思路 229

6.1.3 Camera Raw 统一组图色调：
预设功能 232

6.1.4 几种常用调色基底 233

6.2 修型 235
    6.2.1 增加对比度，提升质感 235
    6.2.2 BJD 关节修型 237
    6.2.3 发丝的绘制技巧 242
    6.2.4 耸肩 243
    6.2.5 缩头 / 四肢比例 244
    6.2.6 表情 245

6.3 综合后期案例 1：基础修瑕和液化 245
    6.3.1 解决穿帮问题："矩形选框工具"
        和"移动工具" 246
    6.3.2 解决小瑕疵："污点修复画笔工
        具" 247
    6.3.3 解决大瑕疵："修补工具"和"仿
        制图章工具" 248
    6.3.4 缩头 + 调整身形 + 整理线条形态：
        "液化"功能 250

6.4 综合后期案例 2：奇思妙想的仿古
    工笔画效果 252

6.5 综合后期案例 3：全流程修图 256
    6.5.1 解决娃娃整体的形态问题 256
    6.5.2 调整曝光与初步调色 258
    6.5.3 人物细节修型 260
    6.5.4 背景处理及照片整体氛围
        调整 262

265

第 7 章
玩娃小心得

7.1 修灯的玩娃小心得 266

7.2 宁子的玩娃小心得 267

7.3 Koharu 的玩娃小心得 269

第1章

BJD摄影的
独特魅力

1.1 BJD摄影与其他题材的差异

BJD 摄影的特性与 BJD 的特性紧密相关。

BJD 在某种程度上可以被视为"微缩的人",因此在拍摄手法上,与人像摄影有一定相似的地方,也与微缩摄影有所关联;但因为 BJD 并非真实的人,所以还需要采用特殊的拍摄手法来展示其独有的魅力。

BJD 摄影与人像摄影一样,都需要以被拍摄的"人物"为主体,因此我们需要同时关注 BJD 的表情、姿势和服装搭配等各个方面。BJD 作为一种人性化的高度可塑性人偶,其外观和造型可以根据我们的需要进行调整,这就使 BJD 摄影在某种程度上比人像摄影更加自由,我们也能够更充分地发挥创意,通过摆造型、利用道具等展现 BJD 的个性和故事感。

BJD 的尺寸远远小于现实中的人，因此在拍摄过程中，如果想要拍摄出"真实感"，就要关注细节，确保照片中的 BJD 与景物的比例尽可能合理。为了让 BJD 看起来更像现实中的人，我们需要使用适当的背景和道具来构建一个引人入胜的场景，同时在拍摄中捕捉 BJD 作为微缩模型的精致与细节之美。另外，在光线的使用上，我们也要进行精细的控制，组合柔和的散射光和定向的硬质光源，以突出 BJD 的质感，来增强照片的立体感和层次感。

BJD 不仅可以作为单独的被摄主体，还可以作为大场景摄影中的亮点元素。在拍摄大场景时，我们可以将 BJD 融入实景、自然或建筑环境中，创造出一种独特的视觉冲击。此时，我们需要关注画面构图、色彩搭配，以及背景与 BJD 之间的关系，使之相辅相成，组成一个完整的艺术作品。

此外，真实感并非拍摄 BJD 的唯一追求，特意强调非真实感的 BJD 也有别具一格的魅力。下图是宁子老师拍摄的作品，画面只显示了 BJD 的上半身，展现了属于 BJD 的原始美感。

注：Lenz 宁子以下简称宁子，修灯的 Cubewishper 简称修灯。

拍摄的 BJD 的照片可能需要进行更多的后期处理工作，如调整色彩、对比度、锐度等，以使 BJD 的细节（如妆容等）更加醒目。我们可能还需要使用图像编辑软件来修复照片中的不完美之处，如去除固定动作用的支架、提拉衣摆用的线、假发的飞毛等。如果需要发布一组照片，还要保持这组照片的色调统一、风格接近。

总之，BJD 摄影与其他题材摄影的差异在于其独特的创作对象和拍摄技巧。我们要充分发挥创意，运用各种摄影技巧和手法，将 BJD 与背景、故事和情感相结合，从而拍摄出一幅生动且富有个性的作品。

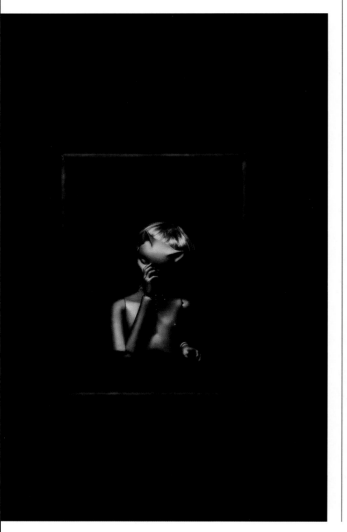

摄影零基础的读者翻开本书时，肯定迫不及待地想知道"我应该买什么型号的相机"，但是别急，先来了解一下决定一张照片的基础——曝光三要素和相关的基础操作，只有掌握了这些内容才能根据自己的需求选择心仪的相机。虽然相机的品牌多种多样，但是按键功能和基础操作的原理是一样的，只是按钮和设置位置不同罢了。

1.2.1 曝光三要素和相关的基础操作

什么是摄影中的"曝光"？曝光就是使胶片或摄影感光元件感光。那么，要得到曝光正确的照片，还需要了解决定曝光量的三大要素——光圈、快门速度、感光度（ISO）。下面我们一起来认识这几个要素，以及它们之间的关系。

1. 曝光三要素及其关系

● 什么是光圈

光圈，可以理解为镜头内可以开合的叶片。叶片开合度大，进光量就多；叶片开合度小，进光量就少。一般使用"F+ 数值"来表示光圈值。

光圈的大小：我们常说的大光圈、小光圈，与相机上实际标识出来的数值相反。例如，F16是小光圈（叶片合拢了，进光量就少了），而F2.8则是大光圈（叶片打开了，进光量就多了）。

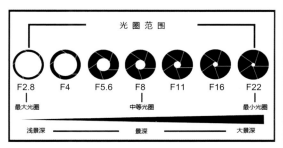

光圈不仅会影响进光量，还会影响照片背景的虚化程度。光圈越大，则背景虚化程度越大；光圈越小，则背景虚化程度越小。

以下两张照片均是使用"光圈优先"模式（A挡）拍摄的，所谓"光圈优先"就是指优先手动调整光圈参数，而快门速度根据相机的测光结果自动调整。随着光圈的大小改变，快门速度也会随之改变，从而确保总体的曝光量不会改变。我们在操作时只需控制光圈的大小，其他的都让相机自动控制。

F2.8

F18

● 什么是快门速度

快门就是相机传感器前面的"门帘"，是相机中控制曝光时间的装置，"门帘"从打开到关闭的时间就是快门速度。例如，它从打开到关闭的时间是3秒，那么快门速度就是3″；若从打开到关闭的时间是1/100秒，那么快门速度就是1/100。"门帘"打开的时间越长，那么相机接收到的光线就越多。

高速的快门适合拍摄运动中的物体，可轻松抓住急速移动的目标，如天上飞过的小鸟、比赛中的运动员等。

慢速的快门适合拍摄运动的轨迹，如夜晚的车水马龙、绸缎状的瀑布等。

右面两张照片均是使用"快门优先"模式（S挡）拍摄的，所谓"快门优先"就是指优先手动调整快门速度，而光圈大小根据相机的测光结果自动调整。快门速度直接影响进光量的多少。在光圈和 ISO 不变的情况下，快门速度越慢，照片越亮，反之越暗。

1/60

1/500

- 什么是 ISO

ISO 就是指相机对光线的敏感程度。ISO 的挡位数值是倍数关系，如 ISO100、ISO200、ISO400、ISO800、ISO1600 等，相邻 ISO 的数值提升了一倍，同时感光的速度也提高了一倍。

为什么有时候需要提高 ISO 呢？因为有时候"光圈＋快门速度"的组合无法让画面达到我们需要的亮度，这个时候就必须提高 ISO，来得到一张曝光正确的照片。

低 ISO：ISO800 以下。

使用较低的 ISO，可以拍出平滑、细腻的照片，同时照片的细节能够得到完整的保留。只要条件允许，只要能够把照片拍清楚，建议尽量使用低 ISO。只要能够保证景深，宁可开大一级光圈，也不要把 ISO 提高一挡。

F2.8　ISO320　1/60

小贴士

我们在拍摄 BJD 时最常用的是低 ISO，很多玩家比较执着于选择低于 ISO200 的数值，其实依据个人经验来看，ISO400 以内，照片呈现出的画面质感差距并不大，这个范围是很适合拍摄 BJD 的。大家可以根据实际情况自由调节。

此外，ISO100 以下的数值往往会被加上上下两根线，意思是"扩展 ISO"，为相机辅助模拟的感光效果，并非原生感光范围，因此会对画质产生一定影响。建议读者在相机的原生感光范围内选用 ISO 数值。

中 ISO：ISO800 ～ ISO6400。

这个范围内的 ISO 会让画面开始出现比较明显的噪点，同时吞噬一部分画面的细节。中 ISO 降低了手持相机拍摄的难度，提高了在低照明度条件下拍摄的稳定程度，使拍摄的照片不容易因为"手抖"而变"糊"。

F2.8　ISO1000　1/200

F2.8　ISO3200　1/640

F2.8　ISO6400　1/1250

高 ISO：ISO6400 以上。

噪点会非常明显，会吞噬很多画面细节，在 BJD 摄影过程中不常使用。一般可以配合使用三脚架，同时搭配 S 挡、M 挡（全手动挡）等拍摄星空、洞穴等特殊题材的作品。使用高 ISO 时，拍摄的题材内容的重要性往往超过了影像质量本身。

F2.8　ISO12800　1/2500

F2.8　ISO25600　1/6400

F2.8　ISO51200　1/8000

● 互易律：光圈、快门速度、ISO 三者之间的关系

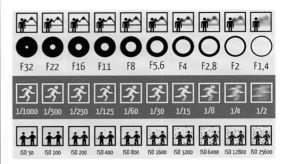

| F32 | F22 | F16 | F11 | F8 | F5.6 | F4 | F2.8 | F2 | F1.4 |

| 1/1000 | 1/500 | 1/250 | 1/125 | 1/60 | 1/30 | 1/15 | 1/8 | 1/4 | 1/2 |

| ISO 50 | ISO 100 | ISO 200 | ISO 400 | ISO 800 | ISO 1600 | ISO 3200 | ISO 6400 | ISO 12800 | ISO 25600 |

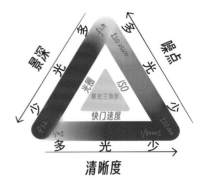

上面的两幅图总结了光圈、快门速度、ISO 三者之间的关系。了解它们之间的关系，对我们面对各种明暗环境时如何正确曝光是相当重要的。

当一个画面需要拍摄记录时，这个画面所需要的进光量实际上是个固定的数值，这个数值和光圈、快门速度、ISO 都有关系。这个进光量的数值是固定的，但曝光三要素是可以调整的。因此，这三者必须此消彼长才能保证总曝光量数值不变。

我们不妨记住一个曝光公式（公式中的照度与光圈有关，时间与快门速度有关）。

$$E（曝光量）=L（照度）× T（时间）$$

这里引入一个被称为"互易律"的概念。互易律是指光圈和快门速度可以按正比互易而曝光量不变。从曝光公式可以看到曝光量与照度、时间的关系，实际上可以等同为曝光与光圈、快门速度的关系。

一般把光圈、快门速度和 ISO 分为一个个挡位。

常见的光圈挡位有 F1、F1.4、F2、F2.8、F4、F5.6、F8、F11、F16、F22、F32。

常见的快门速度挡位有 8、4、1、1/2、1/4、1/8、1/15、1/30、1/60、1/125、1/250、1/500、/1000、1/2000。

相邻的整挡光圈之间的曝光量相差一倍，而相邻的整挡快门速度之间的曝光量也相差一倍。从曝光公式可以看出，按比例同时改变光圈和快门速度，曝光量不变。

小贴士

用通俗的话来说，就是"加一挡光圈同时减一挡快门速度，曝光量不变"。大家如果觉得看公式很枯燥，那么记住这句话就可以了。

我们可以从互易律得知以下信息。

（1）光圈与快门速度的关系：反向。曝光量不变，光圈越大，进光量就越大，快门开关的时间越短，快门速度越快。

（2）光圈与 ISO 的关系：反向。曝光量不变，光圈越大，ISO 越小。

（3）快门速度与 ISO 的关系：正向。曝光量不变，快门速度越快，进光量越小，ISO 越大。

小贴士

用通俗的话来说，就是"提高快门速度的同时提高 ISO，可以让曝光量得到保障"。

文中所说的"正确曝光"，是指拍出来的照片看起来各方面光比适当，成像效果和我们肉眼所见的效果差不多。并不包括摄影师刻意加减曝光以达到所需的特殊演绎效果。摄影没有绝对的"正误之分"，只要能达到我们自己心里对拍摄画面的要求，那就是好作品。

---

2. 曝光补偿

曝光补偿是对相机测光结果进行干预的相机功能，是指通过调整曝光补偿来直接调整照片的亮暗程度，是非常实用的一项功能。我们可以在相机测光结果出现偏差的时候通过调整曝光补偿来干预，使照片能够正确曝光。

调节曝光补偿 +0.7

未调节曝光补偿

在使用曝光补偿这一功能时我们会发现：曝光补偿一调整，光圈或快门速度的数值也会发生改变，这是为何？因为调整曝光补偿实际上是在调整光圈或快门速度。

在 A 挡下，光圈由拍摄者手动控制，当增加曝光补偿时，相机会增加曝光时间（减慢快门速度）；当降低曝光补偿时，相机会减少曝光时间（提高快门速度）。

在 S 挡下，快门速度由拍摄者手动控制，当增加曝光补偿时，相机会自动放大光圈；当降低曝光补偿时，相机会自动缩小光圈。

3. 什么是白平衡

白平衡是指相机对白色物体的还原。当我们用肉眼观看这大千世界时，在不同的光线下，对相同颜色物体的感觉基本上是相同的。例如，在早晨旭日初升时，我们看一个白色的物体，感觉它是白的；而我们在夜晚昏暗的灯光下看到这个白色的物体，感觉它仍然是白的。这是由于人在成长过程中，大脑已经对不同光线下物体的彩色还原有了适应性。但是，相机没有这种适应性，不同的光线会造成相机色彩的还原失真。

因此，现在的相机都具备了自动白平衡及手动白平衡功能。自动白平衡能够使相机在一定色温范围内自动地进行白平衡校正，其能够自动校正的色温范围一般为 2500 ~ 7000K，超过此范围，相机将无法进行自动校正，从而造成拍摄画面色彩失真，此时就可以使用手动白平衡功能进行校正，对不同的色温进行补偿，从而真实地还原被摄物的色彩。

● 色温是什么

色温说的是光线的温度，如暖光或冷光。色温的测量单位是开尔文，表示为 K，也就是平常见到的 5000K、4500K 等。

冷光，色温高，偏蓝　　　　暖光，色温低，偏黄

上面两张图中，右边的这张更符合肉眼可见的暖光的色彩效果。如果此时相机内呈现的画面是左边的冷光色彩情况，那么我们就可以通过调节白平衡，让相机内画面呈现的色彩更接近右边。

● 场景模式

相机内置了很多场景模式，如日光、阴天、白炽灯、水下等，可以根据拍摄环境选择合适的场景模式来拍摄。如果相机内置的场景模式没有合适的，那么可以使用自定义模式来自行调节白平衡数值。

自动　　　　　　　　　　阴天

水下　　　　　　　　　　日光

阴影　　　　　　　　　　闪光灯　　　　　　　　　　滤色片　　　　　　　　　　白炽灯

小贴士

白平衡的理论看起来很复杂，其实简单来讲就是"哪里不对补哪里"，如相机内显示的色彩效果明显偏冷（色温高），那么就通过调整白平衡来"补足"暖色调。同理，如果显示的色彩效果偏暖（色温低），那么我们就"补一点"冷色调进去。其实在大部分 BJD 拍摄环境下，相机内自带的"AWB 模式"（自动模式）足够我们使用，若非特殊情况，使用自动模式即可。

4．A 挡、S 挡、M 挡、Auto 挡、P 挡

相机右上角一般都有一个小拨盘，我们用它来调节相机的不同拍摄挡位。

A 挡：光圈优先，也称 Av 挡，可以由拍摄者自己来控制光圈的大小，相机根据测光结果来控制快门速度。此时，拍摄者可以自主调控照片背景的虚化程度。

一般我们在拍摄背景虚化的照片时，会优先使用 A 挡。大光圈可以很有效地净化画面杂色，突出人物。这也是我们在 BJD 摄影中最常用的一种拍摄模式

S 挡：快门优先，也称 Tv 挡，可以由拍摄者自己来控制快门速度，相机根据测光结果来控制光圈大小。

M 挡：全手动模式，相机的一切参数都需要拍摄者来手动控制的一种模式。这种模式可以在光线比较复杂、相机无法准确测光的环境下使用，可以充分发挥我们的创造性。

在需要拍摄高速运动中的物体或使用慢速快门拍摄物体运动轨迹时，可以优先考虑使用 S 挡。虽然 BJD 不会动，但是在带娃出门、拍摄外景时，S 挡还是会经常用到的。例如上图，我想让脚下的瀑布呈现一定的"片状感"，就需要将快门速度手动调低进行拍摄

M 挡在 BJD 摄影中最常见的应用就是：人物逆光时，天空太亮过曝，人物太暗死黑。这时使用 M 挡最适合不过了。可以先用 P 挡对着天空、人物分别对焦测光，得到二者的快门速度与光圈值，然后取平均值，调节光圈和快门速度，外加手动调整 ISO 和曝光补偿，拍摄得到一张"天空不过曝，人物也不死黑"的照片。这样在进行后期处理时就能轻松许多，将天空、人物分别抠选进行调整即可，省去了合成照片的麻烦，一举两得

Auto 挡：全自动模式，也称"新手友好模式"。简单来说就是由相机决定所有曝光方面的设定，包括测光模式、光圈、快门速度、ISO 等。新手只需要快乐地按下快门就好了。适合我们想随便拍拍的时候使用，省时省力。

P 挡：程序自动模式，和全自动模式类似，也是由相机根据拍摄现场的光照条件决定光圈和快门速度，不过 P 挡仍然保留着一些设置由拍摄者决定，包括测光模式、ISO、曝光补偿等。因此，P 挡既有 Auto 挡的便利，同时又有手动控制的空间，是一种两全其美的模式，初学者不易出错。

有些玩家可能觉得 Auto 挡太"傻瓜"，不是很认可这个模式。其实我们平时在家里进行随手拍，或者是在娃展等人挤人的环境下用相机记录，使用 Auto 挡真是太方便啦！无论是哪种模式，只要用着舒心、顺手，适合当下的使用环境，那就是最佳选择

P 挡的使用情况和 Auto 挡大同小异，优势是可以自主调整画面的明暗，也是很省心的一种拍摄模式

1.2.2　我应该买哪款相机

拍摄 BJD 并没有所谓的专用相机。当你掌握了拍照的基本技巧，并且有好的想法时，即使用手机也可以拍出好看的作品。下面对各种常见的相机做一下简单介绍。

● 无反相机

随着技术的进步，目前无反光板相机（Mirrorless，无反相机）已经是市场的主流，完全可以替代单镜头反光照相机（Single Lens Reflex Camera，单反相机）来拍摄 BJD。与单反相机相比，无反相机的体积小、重量轻，且在图像质量和功能方面已经与单反相机旗鼓相当，甚至要强于一些过去的单反相机，所以适合绝大部分想要便携与照片质量兼顾的娃友。

● 卡片机

卡片机比单反相机和无反相机更轻巧，易于携带，且具有较高的图像质量。虽然它们无法更换镜头，但对于拍摄 BJD 的业余爱好者来说，这类相机也是一个不错的选择。以索尼 DSC-RX100M7 为例，它搭载的镜头是 24 ~ 200mm 的变焦镜头，完全可以覆盖日常拍娃的常用焦段。

● 智能手机

现代智能手机摄像头的质量已经非常高了，能够满足给自家 BJD 日常拍照的需求。虽然它们在某些环境下的性能、画质等可能不如专业相机，但智能手机的便携性和易用性是相机无法比拟的。

需要注意的是，目前高端智能手机通常是多摄像头，拍摄 BJD 时除全景照片使用 1x 广角焦段外，其他类型的照片我都建议使用 2x、3x 的长焦焦段来拍摄，以获得更好的效果。

使用小米 14Ultra 拍摄的 BJD 照片

● 单反相机

之所以把单反相机放到最后，是因为随着无反相机的不断更新，单反相机原有的优势已不再明显，一些曾经的优势已经不复存在，数码产品也有着"买新不买旧"的说法。不过，随着产品不断迭代更新，二手单反相机的性价比也在逐渐提高，如果能买到渠道靠谱的二手单反相机，也是物美价廉的不错选择。

● 无反相机、单反相机、微单相机、单电相机等有什么区别

目前，主流的数码相机有两种：单反相机和无反相机，单镜头电子取景相机（Single Lens Translucent Camera，单电相机）和微型单镜头相机（Micro Single Lens，微单相机）都属于无反相机。

单反相机：使用反光镜系统，有一个呈45°的反光镜，拍摄者通过取景器直接观察镜头中的真实画面。

无反相机：强调相机中无反光镜，拍摄者一般通过显示屏查看拍摄画面。

单电相机：取景器是电子显示屏，实际上与无反相机是一样的。

微单相机：强调尺寸比单反相机小，实际上与无反相机并无太大差别。有一种说法是索尼公司注册了"微单"这一商标，其他公司不得使用，才更名为"单电""无反"，但实际上目前尼康等公司出品的无反相机品名也叫"微单数码相机"，故可以忽略不计。

● 总结

总体来说，如果是入手第一台相机，且专门用于拍摄 BJD，首选无反相机，除非预算特别受限或对单反相机特别喜爱。单反相机目前对比无反相机来说优势并不突出，而且较为笨重；卡片机的镜头、屏幕和成像效果可能也无法给初学者带来画质上的满足感，也会缺少一些摄影的仪式感；智能手机则由于其系统软件算法带来的锐化、智能调色等过度优化，以及弱光下的画质损失问题，也会给 BJD 摄影带来一些影响。

──── 小贴士 ────

一定要认真逐字逐句阅读并跟着相机说明书操作一遍，熟悉各个按键位置和功能，说明书涵盖了整个相机的功能讲解，只有完全消化了说明书的内容才能得心应手地拍摄照片。

● 画幅与镜头的选择

画幅方面，如果是同代产品，则画幅越大画质越好，但我并不建议初学者直接买全画幅甚至是中画幅的相机，APS-C 画幅相机（残幅相机）是物美价廉的选择之一。

就我个人的经验来说，实际上每次自己拍摄 BJD 时都是随机选择相机。全画幅、中画幅、APS-C 画幅相机都会使用，即使是 APS-C 画幅相机，甚至是手机，也可以拍出很有质感的 BJD 照片。

为了对比画幅区别，我使用富士 X-E4、尼康 D850、哈苏 CFV II 50C+907X 在同一场景下分别拍摄了照片（图见下页）。全部采用了 1/500、F4、ISO200 的参数拍摄，RAW 文件（关于 RAW 文件的说明参见第 6 章）原片出图，由于画幅不同，富士使用 23mm 镜头、尼康使用 35mm 镜头、哈苏使用 45mm 镜头，全部为全画幅等效 35mm，拍摄效果如下页图所示。

在同等光圈下，画幅越大，背景呈现的虚化效果越明显。但是，在非巨幅印刷品的书籍上观看时，其画质差异，甚至背景的虚化效果差异并不算特别大。因此，对于通常只是在网上交流，没有大幅面展览印刷需求的普通人来说，考虑到性价比，不必盲目追求全画幅、中画幅相机，只要选择适合自己的相机即可。

比起画幅，镜头的选择是更加重要的，合适的镜头焦段可以帮助你更好地拍摄 BJD 娃娃。

例如，我常用的镜头为全画幅的 35mm、50mm、85mm 和 105mm 微距焦段的定焦镜头，以及 APS-C 画幅的 18～300mm 变焦镜头。这些镜头更适合 BJD 在不同环境中的比例，我常使用 35mm 和 85mm 拍摄全身、105mm 微距镜头拍摄特写，而 50mm 则是"万金油"焦段，无论是特写还是全身都可以兼顾；变焦镜头的好处则是可以"一镜走天下"。如果拍摄者用的是刚刚购买的相机，我建议可以考虑搭配变焦镜头或 50mm 定焦镜头来拍摄 BJD。

● 其他适合 BJD 摄影的相机功能：翻转屏

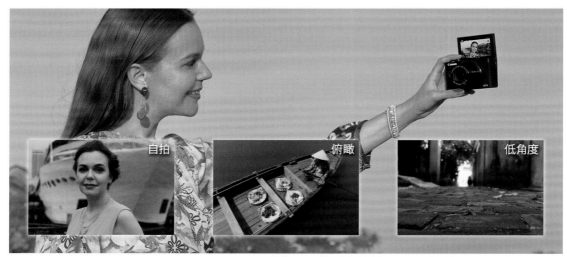

佳能公司翻转屏相机的介绍，可以看出翻转屏提供了更多角度的便利

拍摄 BJD 时经常需要从低角度来获得更好的照片效果，所以翻转屏功能是非常加分的一项功能。

翻转屏分为横翻和侧翻，目前的新品相机大多都有横翻功能，但侧翻功能不是每台相机都有的。

同样是翻转屏，左图的构造要比右图的更适合拍 BJD

类似于拍摄人像，我们在拍 BJD 时大多数时间还是使用竖构图的，所以侧翻的相机其实对于拍娃来说非常方便，右图采用的就是竖构图低角度的拍摄方法

1.2.3　BJD 摄影常见问题

1. 拍摄多个娃娃的时候怎么让娃脸都清晰

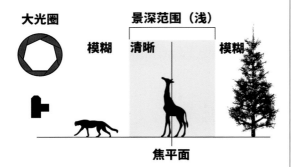

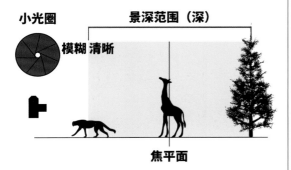

这个问题涉及"焦平面"这个知识点。简单来说，我们所设置的焦点所在的这个和镜头平行的平面都是清晰的，这一平面前边和后边的清晰程度由光圈大小决定，也就是我们所说的"景深"。光圈越小，所能容纳的清晰的前后景就越多，可以理解为这个清晰的平面变厚了；光圈越大，景深越浅，清晰的部分越趋近于这个薄薄的平面。

因此，想让每个娃脸都清晰，有如下方法。

第 1 种方法，直接缩小光圈，这样就可以让更多的景物处在清晰的范围内。

第 2 种方法，如果既想要大光圈的背景虚化感，又想要娃脸都清晰，就尽量将娃娃摆在同一排，或者就算前后站，脸也要尽量在同一平面（这个平面是指和镜头平行的平面）上。

第 3 种方法，分别对焦在不同娃脸上拍照，然后进行后期合成。

其实多个娃娃不在同一个焦平面上，有实有虚，更能展现出故事感（见下页图）。

多个娃娃的虚实结合可以增强故事感

2. 如何让娃娃的眼睛更加追镜头

首先是娃头的角度，我们在摆姿势和拍摄时从取景器里看到的是两个不同的角度，所以经常会有我们摆姿势的时候感觉明明眼神朝向镜头了，拍照时却不知道娃娃在看哪儿的感觉。

通常来说，我们在给娃娃摆姿势的时候，往往不会保持拍照时的半蹲姿势，因此从镜头里看给娃娃摆

出来的姿势时，往往会发现娃娃在看天上。这种情况的解决方法是，一边取景一边给娃娃摆姿势，从取景器里看娃娃是否在看镜头。

其次是眼睛的视角，我在拍娃娃时通常不会把眼珠戴成平视前方，戴成朝侧面看更容易产生"注视"的感觉。

最后是眼睛的颜色、材质和弧度，一般来说，浅色、小虹膜、清透材质、高弧的眼睛眼神比较像真人，但浅色小虹膜眼睛可能会显得眼神太凶，高弧不容易贴眼眶。所以，要选择适合娃娃眼眶、透光或显色好的眼睛，或者在后期Photoshop中通过加深工具和减淡工具来重新绘制眼睛的反差。

另外，半眠、小眼或眼眶本身就很厚的娃头，也不容易随着光线的变化而转动，可以考虑使用软眼，或者不用刻意强求，干脆拍低头垂眼或看其他地方的画面，随缘即可。

3. 拍出来的图和看见的不一样

这个问题一般在于，给娃娃摆姿势的时候我们通常是站着（在高角度）的，但是拍摄的时候是低角度拍的，所以拍出来的图和看见的不一样，解决方法是给娃娃摆姿势的时候，从拍摄的角度来看是否恰当。

拍摄 BJD 时，要摆脱思维定式，走出"舒适圈"，肯蹲下去，使拍摄角度与娃齐平或更低。要敢于摆姿势，很多时候只有当你拍摄时感觉自己的姿势不舒服了，娃的角度和姿势才是自然的。

4. 手动曝光总不准怎么办

不如把 ISO 交给相机。

我个人平常喜欢的相机挡位是 A 挡，并将 ISO 设置为 Auto，这样相当于我们只控制相机的光圈，快门速度和 ISO 都由相机来决定。

我知道很多读者想要使用 M 挡，觉得每一个参数都在自己的掌握中更可靠，但实际上在大多数情况下，我们只要控制景深就够了，至于亮度完全可以交给曝光补偿功能来完成，想要更亮就往左调，想要更暗就往右调。

5. 自动曝光总不准怎么办

这个问题涉及测光模式，由于比较复杂，对初学者来说比较难懂，暂不展开讲原理。

只需记住，在大多数情况下，我们使用"矩阵测光""中央重点测光""中央重点平均测光"（不同相机叫法不同）等功能即可，但有时遇到娃娃的衣服、背景是大面积的黑色或白色，或者在逆光条件下，这种测光模式就会将全部取景画面的光线（大面积黑色或白色）一起计算，这样画面就容易曝光不准确。

在拍摄这些场景时，可以选择"局部测光"或"点测光"，并把焦点放到娃娃的脸上，这样可以保证娃娃的脸部曝光正确。

另外，也要确认曝光补偿功能是否在上次拍摄后没有归零，曝光补偿的偏移也有可能导致曝光不准。

1.3　构图

在拍摄 BJD 的时候，我们需要把要拍摄的内容以一种有美感的形式呈现在画面中。构图便是画面美感的基础骨架，它确定了画面的内容排布，为画面的美感和视觉效果定下了框架。

构图的本质就是画面内容的排布结构。

构图是为了创造出具有吸引力、平衡感和视觉效果的作品，通过对形状、线条、色彩和空间的运用，使作品能够吸引观者的目光，传达出特定的情感和意义。

构图最核心的作用是通过合理的内容排布，丰富画面内容，增加画面的美感。

1.3.1 构图方法

在专业的摄影理论中，常见的构图三大理论体系：基于黄金分割理论的"黄金分割体系"；基于点线面排布的"平面视角体系"；基于时空观成型的"视角与时空体系"。

这些内容对于我们这本书来说太"掉书袋"了，所以我并不打算按照这些理论体系来介绍构图方法，而是基于构图的核心逻辑——内容排布和美感，结合摄影理论和我的拍摄经验将构图方法分为以下几种。

1. 九宫格构图

把画面的横向和纵向分别以两条线三等分，将画面分为 9 个格子，得到的就是一个九宫格。我们在拍摄中可以根据实际意图把 BJD、主要物品、重要细节等拍摄元素放置在九宫格的格子内或线条上，或者线与线的交叉点附近。

特点：这种构图方法在拍摄有多个元素的照片时能够合理分配各个元素的位置，让画面内容丰富且不杂乱，保持视觉的平衡感。

怎么确定是把元素放在格子内、线条上，还是交叉点上呢？我们只需要知道放置位置的相应作用即可。

格子：内容分割。

线条：视觉引导。

交叉点：视觉焦点。

两个娃娃主体相对地在九宫格的线条上，进行视觉引导
交叉点上是娃娃的头部，形成了视觉焦点

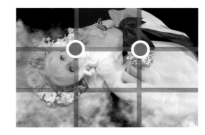

把要展示的头部花冠和手上的金属蝴蝶放在九宫格框内
娃娃脸部和腰部花束放在交叉点上，形成了视觉焦点

娃娃主体放在右上方 4 个格子内，其他的拍摄道具放在左下方 3 个格子内

娃娃的眼睛在九宫格交叉点上，形成视觉焦点

2. 对称－中心构图

这一构图方法是以画面中心为对称点，使左右两侧或四周呈现相似或对称的元素。

特点：这种构图方法能够给人带来稳定、平衡的感觉，能够很好地突出想要展示的主体。

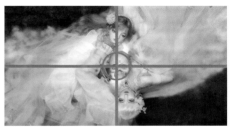

四周对称

两侧对称

在拍摄多个娃娃时可以将多个娃娃以中心点对称分布，在拍摄单个娃娃时可以将娃娃置于中心点。

将多个娃娃置于中心点两侧

将单个娃娃置于中心点

3. 对角线构图

对角线构图是指将主体或拍摄元素沿着对角线方向放置在画面中。对角线是画面中最长的一条直线，因此这样的构图可以给人一种延长感和张力，传达出一种连续的概念。

拍摄元素位于画面中最长的对角线上

这张图拍摄的虽然是中景的画面，但是用了对角线构图，整体就没有局促感

运用对角线构图，给了窗景空间一种延伸感

4. 倾斜构图

倾斜构图是指画面整体处于水平倾斜状态时的构图。

特点：这种构图方法常用于拍摄具有动态感的画面，或者是在故事感场景中表达紧张或不确定感。

小贴士

我把倾斜构图和对角线构图分成不同的构图方法，因为倾斜是指画面水平的倾斜，而对角线构图是指拍摄元素呈对角线分布，两者是有区别的。

画面的倾斜

打破了画面的稳定性，给画面赋予了一种倒错的张力

这张图用了倾斜构图，结合前景的面具和飘落的花瓣，给人一种动感

5. 视线引导构图

视线引导构图是指通过线条、形状或其他拍摄元素来引导观者的视线，使其专注于主体。

特点：这种构图方法可以增强画面的动态感和层次感，提高画面的视觉冲击力。

这张图运用娃娃站位产生的起伏线条，吸引观者的注意力，引导观者看中间

这张图通过娃娃的身体曲线及旁边窗帘的线条来引导观者的视线，引导观者看向书本

这张图运用光来进行视觉引导，使观者的注意力集中在窗边正在互动的娃娃身上

通过肢体折线创造线条进行视觉引导，引导观者看娃娃的姿态

以上是我在 BJD 拍摄实践中常用的一些构图方法，在构图中我们不一定只使用一种构图方法，可以将几种构图方法结合起来使用。记住一切皆为画面美学服务。所谓构图方法只是帮助我们更好地控制拍摄元素，理解如何进行内容排布，明白可以"怎么拍"。

1.3.2　根据主题选用合适的构图

很多人在开始拍娃娃的初期经常使用倾斜构图，因为这样的构图可以增加照片的动感，丰富画面元素。

平衡的构图，缺乏动感

使用倾斜构图之后，画面上头纱的动感更明显了

但是，过度使用倾斜构图可能会使画面显得混乱，缺乏平衡，从而使画面失掉一些美感。平衡是美的加分项，对于初学者来说，保持画面的平衡感非常重要。

例如，一个稳定的不需要表达动感或紧迫感的场景，用倾斜构图就会让画面失去美感。

上图使用倾斜构图，平衡被打破，整体给人头重脚轻的感觉，丧失了原本的美感

因此，在拍摄中我们应该考虑拍摄主题和意图是否与构图方法相符。

以上都是能从实践中总结的个人经验，每种构图方法都有自己独特的作用和表现形式。了解构图的基本逻辑，以及它们在摄影中的应用，可以让我们给娃娃记录下更多的精彩画面。

原场景动作是站位，非常适合使用平衡的对称构图

构图并不是一成不变的，有时候打破常规能带来意想不到的效果。理解这些构图逻辑只是一个起点，实践与创新同样重要。所以，拿起你的相机，和你的娃娃们多多地进行拍摄实践吧！

1.3.3　让丰富的景别增添组图的故事感

在组图或"小剧场"的拍摄中，我们或许会遇到一个问题：明明拍摄了很多内容，但是在最终呈现的时候，一组图片看起来内容、角度相似，缺乏变化。在以情节/对话展开的小剧场拍摄中，这个问题表现得尤为明显。

说到有故事感的画面，很多人首先会想到漫画或电影这种艺术体裁，那么这一节我们就带入漫画的分镜和电影的视听语言思维，学习如何简单高效地在组图拍摄中有意识地丰富景别，让组图通过差异性增加可看性——凭空创造故事感。

有故事感的组图

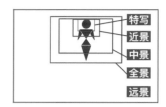

1. 认识景别

我们先来聊一聊什么是"景别"。

从理论上说，景别是指由于在焦距一定时，照相机与被摄物的距离不同，而造成被摄物在照相机中所呈现出的范围大小的区别。

我们只需要知道在实际操作中，景别是主体（娃娃）在画面（照片）里所占据的范围大小的区别。

没有"故事感"的组图

一般来说以画面截取主体肢体部分的多少为划分标准，景别分为远景、全景、中景、近景、特写。

● 远景

划分标准：主体身体全部入画，但是占比较小，画面的主要内容是环境。

实际作用：展现主体所处的环境，一般是外景广阔的空间。

关键词：环境。

● 全景

划分标准：主体身体全部入画，环境呈现比远景少。

实际作用：交代主体与环境的关系，确定主体所处的空间，具有定位作用。

关键词：环境。

● 中景

划分标准：主体膝盖以上入画，强调主体上半身的动作。

实际作用：展现主体的造型动作，承担叙事任务（考虑到摄影构图的美感问题，这个膝盖以上并不是实指，而是强调实际的占比）。

关键词：叙事。

- 近景

  划分标准：主体胸部以上入画。

  实际作用：展现主体的妆容造型，在小剧场中适用于对话场景。

  关键词：叙事。

- 特写

  划分标准：主体肩部以上入画，或者其他部位入画，抑或是某个物品细节入画。

  实际作用：展现组图情绪，强调主体本身或某样道具的特点。

  关键词：情绪。

对于景别划分，横向和竖向构图是一样的，我的例图选择的是横向构图。考虑到摄影构图的美感，肢体划分并不是一定卡死在某个关节，而是强调实际的占比。

根据每种景别的关键词，我们可以将这五种景别分为三大类。

（1）远景与全景是环境景别。

（2）中景与近景是叙事景别。

（3）特写是情绪景别。

关键词是个人根据 BJD 拍摄经验总结出来的，和真正的电影视听语言有一定出入。

2. 景别组合公式

在了解了景别及其作用之后，我们怎样在数量有限的一组图中运用不同景别创造故事感呢？在拍摄中，所有的景别都需要吗？所有景别聚齐当然是可以的，但是受限于拍摄环境、拍摄器材等因素，在有些拍摄中并不适合出现所有景别，接下来我给大家讲一下实际操作中有效的景别组合公式。

故事感组图 = 环境景别 + 叙事景别 + 情绪景别

公式释义：一组图中只要具备环境景别、叙事景别、情绪景别这三个类型的景别，就可以创造足够的故事感。

远景　　　　　　全景　　　　　　　中景　　　　　　近景　　　　　　　特写

环境景别　　　　　　　　　　叙事景别　　　　　　　情绪景别

3. 极限操作：把一张照片拆成一组故事感分镜

为了测试这个公式的实用性，我们可以从同一张图中截出不同景别，按照公式拼合成漫画分镜，看看是否能够纯粹用形式创造出故事感。

选择图片

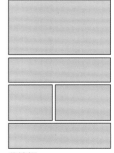

分镜框

根据公式：故事感组图＝环境景别＋叙事景别＋情绪景别，我们往分镜框中填入全景（环境景别）、中景（叙事景别）、特写（情绪景别）。

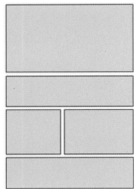

◀　　实际效果

是不是还不错？这就说明纯粹用形式也可以创造出故事感。

各位在拍摄中可以根据我提出的这个公式，有意识、有目的地选择不同的景别，就会从形式上丰富组图的内容并且创造出故事感。一起来试一试吧！不管是不是拍小剧场都很适用哦！

1.4 摄影，一定要有光

拍摄 BJD 这类微缩模型时，我们需要对光线进行精细的控制，以突出细节和质感。柔和的散射光和定向光源的组合可以增强照片的立体感和深度。

1.4.1 认识光线

光位不同，所产生的光影效果也会不同，想要顺利地用好光，我们先要了解光线的种类。

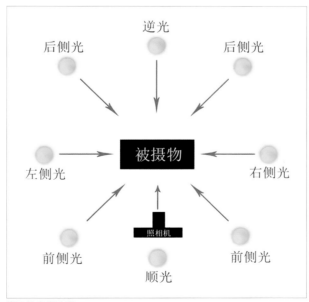

常见的光线种类

● 顺光

　　顺光是指光线投射方向与相机拍摄方向是一致的。这种光线让人物的大部分肢体都得到了足够的光照，而且强度比较平均，所以不会在人物的面部形成明暗对比，比较容易控制曝光度。我们在给 BJD 拍摄商品图的时候常用这类光线，不仅可以减少服装的褶皱，还能让妆面及服装的整体色彩表现均匀，不易产生色差。

● 侧光

　　当光线投射方向与相机拍摄方向呈 90°时，这种光线即为侧光。侧光下的人物阴影浓郁，明暗对比强烈，使画面有一种很强的立体感与造型感，往往能够明显地表现出人物的性格和情感。

● 逆光

当拍摄的方向与光线投射方向相对时（也就是用相机对着光源的方向拍摄时），此时的光线即为逆光，这种光线可以使人物的轮廓更加鲜明。在BJD摄影中，这种光线经常用于给小尺寸的娃娃拍摄，或者是想要表现"可爱"的主题时使用。搭配曝光补偿，以及后期处理，这种光线可以让娃娃的脸蛋"膨"起来，使画面的光线充沛、氛围温馨。

● 斜侧光

斜侧光是指从人物的前侧方照射过来的光，人物的亮光部分约占2/3的面积，阴影部分约为1/3。它的特点是比顺光阴影部分大，比正侧光亮光部分大，介于这两者之间。这类光线可以增强人物面部的立体感，是我们拍摄BJD时最常用、最实用的光线。

● 顶光

顶光是指从人物上方垂直照射下来的光线。在顶光下，娃娃的面部会产生阴影（如前额发亮、眼窝发黑等），不利于画面的美感。但是，如果将顶光用作辅助光线，搭配其他主光线使用，就会产生独特的效果，不仅可以均匀地将背景提亮，还能让画面呈现出"娃娃被光线包围着"的美感。大家视具体情况灵活搭配各类光线使用即可。

1.4.2　BJD 常用散光附件介绍

总体来说，附件可以分为散光附件和聚光附件两个类别。散光附件可以分散光，让光线变得柔和；而聚光附件则是聚拢光或切割光，让光的面积变小。

散光附件主要包含反光板、柔光箱、反光伞、柔光伞、雷达罩（美人碟）、柔光屏，替代品有白纸、泡沫板、卫生纸、硫酸纸、平板电脑等，这里主要介绍前四种。

1. 反光板

反光板是摄影时常用的工具，其主要用途是反射光线以实现更好的补光效果。

通常来说，反光板具有 5 个作用面，即硬光面、金光面、吸光面、柔反光面和柔透光面，分别对应不同的功能。硬光面的材质为银色，可以反射出较为强烈的硬光；金光面则是反射强烈的金黄色硬光；吸光面可以阻挡复杂环境中的光对拍摄主体的影响；柔反光面所反射的光质较为柔和；柔透光面可以放置于光源和被摄物之间，以柔化光源、光质。

（1）填充光线：反光板的主要功能就是反射光线，即可以把光线反射到被摄物的暗部，以减少阴影，提升照片的整体明亮度。对于 BJD 摄影来说，使用反光板可以减少娃脸上的光比反差，避免出现阴阳脸。

使用反光板柔反光面填充暗部后，减少了娃脸上的光比反差

替代工具：大多数白色的平板均可用于替代反光板的柔反光面，当拍摄场地受限时，可以考虑使用小一些的白色平面，如盒盖、打印纸、小块 KT 板等，实现反光作用。需要注意的是，这些白色平面应当是纯白色的，以免影响色温。

（2）调整色温：使用金光面时，可以改变反射光的色温，从而改变画面的整体色调。

（3）柔和光线：当日照或光线太过强烈时，柔透光面可以用来遮挡光源，减弱光线，让光线更加柔和，防止出现过度曝光的情况。

使用柔透光面前后对比

替代工具：硫酸纸、卫生纸等配合小型灯具使用。

（4）塑造硬质光线：当使用硬光面时，可以反射较硬的光线，用于塑造硬质光线或勾勒轮廓。

替代工具：各种形状的镜子、镜面纸等。

使用镜子反射光的效果，且小的方镜子可以模拟出窗户光的感觉

镜面纸的效果，揉皱后有波光粼粼的感觉

反光板的使用方法：遵循"看物不看板"的原则，注意摆弄反光板找位置时，不要盯着反光板，要盯着受光面（娃脸），当娃脸的亮度出现明显变化、脸上光照明显柔和时即反射中了位置。

反光板的大小选择：对于 BJD 摄影来说，我个人建议够用就行。如果是单纯为了补娃脸的光，那么一个直径 10 ～ 15cm 的反光板就足够了；如果想为娃娃整体打造型光或塑造柔和的整体氛围，那么就要使用尺寸相对较大的反光板。一般来说，一个直径 60cm 的反光板足以满足大多数 BJD 的拍摄需求。

未打中与打中受光面的区别

2. 柔光箱

柔光箱可能是 BJD 及模型摄影师"入坑"室内摄影时购买的第一件摄影附件，它的主要功能是可以把强烈的光线变得柔和，降低光线硬度，使娃娃在照片中看起来更加自然。柔光箱有各种形状的，如正方形、长方形、条形、八角形、抛物线形柔光箱等。

根据我的个人经验，拍摄 BJD 所使用的柔光箱并不是越大越好，首先大的柔光箱会占据较多的空间，对于自己在家拍摄的人来说其实并不是很方便；其次大的柔光箱会将整个环境全部照亮，不适合精细的布光。

那么对于 BJD 来说，多大的柔光箱是合适的呢？一般来说，3 分（60cm）的 BJD 使用 50cm 左右的方形柔光箱就足够了，况且很多情况下不一定非要使用专业的柔光箱来打灯，发挥想象力，很多日常的光源一样可以达到理想的效果。

3. 反光伞、柔光伞

这是我最近非常喜欢的两种散光附件，它既可以像柔光箱一样营造柔质光效，又可以快速收纳，且由于其弧线的设计，在拍摄时光线可以形成包围的效果，提升画面整体质感。

图为银色反光伞、深口白色反光伞和柔光伞

深口反光伞能使光线形成比较明显的包围的效果，我个人更推荐它。银面和白面的区别与反光板一样，白面反光更柔和、银面反光更硬朗。

1.4.3　BJD 常用聚光附件介绍

聚光附件包含蜂巢、格栅、标准罩、束光筒、聚光筒与投影插片，替代品有黑卡纸、KT 板、手机闪光灯等。

1. 蜂巢、格栅

蜂巢和格栅是用于柔光箱等工具前面的束光工具，是为了避免柔光四处照射，统一使其照向前方的附件。

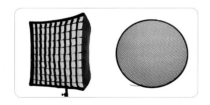

2. 标准罩、束光筒

通过标准罩出来的光线比较硬朗，投射出的阴影也比较硬，可以营造戏剧性的光线。

束光筒则会使光照面积更小，可以精确地打亮某一个小区域，所以非常适合给娃娃勾勒轮廓光。

3. 聚光筒与投影插片

聚光筒通过凸透镜聚拢光线，结合投影插片使用可以拍出各种各样的光影效果。

▼　　　其实上述附件也有替代品

主光：手电筒 + 空矿泉水瓶

主光：手电筒 + 茶水杯

　　聚光附件方面，替代品可以是家用投影、手电筒、各种瓶子和各种液体的组合。当光线穿过不同介质时，可以形成各种奇幻的光线效果，下图就是使用空矿泉水瓶结合手电筒制造出的光影效果，以及穿过茶水杯的黄色色调。

主光：手电筒 +KT 板夹缝

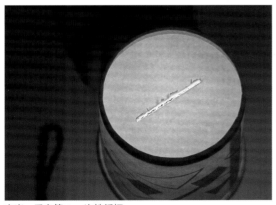

主光：手电筒 + 一次性纸杯

　　投影插片的实质就是遮挡形成光影，所以一切镂空的形状都可以代替，如切割的纸杯、扇子骨架、收纳筐、漏勺等。

1.4.4 基础布光与案例

一起来看看，从单灯到多灯都是如何应用的吧。

1. 单灯布光基本思路

使用单灯布光时，我一般会选择使用反光伞 + 摄影灯的组合。反光伞的使用方法其实和方形柔光箱有很多相似之处。由于其收纳方便、可以打出相对较柔和的光，所以我会用在内景、外景等各个拍摄场景中。请注意，如果手上已经有柔光箱、美人碟等附件，不必再专门购入反光伞，它们的功能是相似的。

单灯拍摄绝不是简单的打灯，以下面的图为例，它们都是使用单个 150W LED+ 深口白色反光伞拍摄的，其区别在于灯的远近、角度与细微位置等的不同。

● 角度的选择

使用柔光箱、反光伞等附件时，我不太建议使用正面直射的方法，这一角度通常会把人的五官拍得比较扁平，没有立体感，且由于光线直射，如果在拍摄时空间不够的话多余的光线也会照亮后面的背景，这样会使整体光线变得杂乱。

拍摄 BJD 与拍摄人像相似，为了使面部轮廓更有层次感、立体感，除一些特殊造型光外，无论是使用反光伞还是其他灯具及附件时，我都建议选择从斜侧面或侧面打光（可以参考后面的案例）。

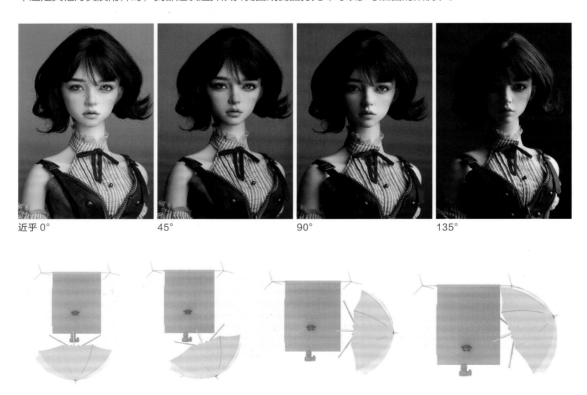

近乎 0°　　　　　45°　　　　　90°　　　　　135°

直射与斜切

这两张图都使用了深口白色反光伞从娃娃正侧方 60° 角的位置打光（左右皆可，例图为右侧），区别在于左图为伞尖对准娃娃，而右图伞尖对准娃娃前方一点，这样娃娃面部的光主要是由反光伞的前沿反射的。可以看出，斜切打出的光更加柔和，左图可以看到较为清晰的鼻影，而右图的过渡相对更加柔和。

60° 直射

60° 斜切

这两张图都使用了深口白色反光伞从娃娃正侧方 135° 角的位置打光（左右皆可，例图为右侧），可以看到反光伞营造出了包围的光效。斜切不影响背景光，直射时背景上会有反光伞溢出的"野光"，从而影响背景的影调。

135° 直射

135° 斜切

2. 单灯布光案例

主光来自左侧的深口白色反光伞，光源在娃娃的侧后方，且离背景较远，确保没有"野光"洒到背景上。弧形的反光伞所反射的光线，能打出"包裹感"的光效，既补足了面光，又塑造了轮廓。

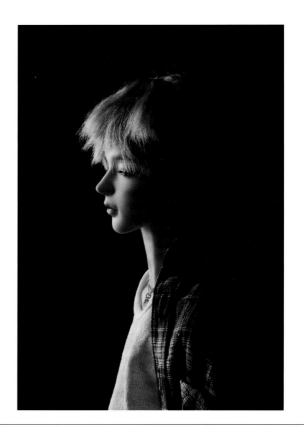

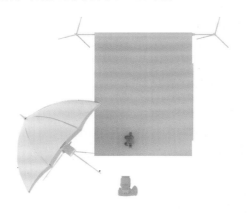

主光：150W LED+ 深口白色反光板

案例2：逆光为主的塑造方法

反光板可以用来打主光吗？当然是可以的。

如右图，仅使用单灯打逆光，塑造了轮廓，同时使用反光板把逆光"多余"的光线反射到娃娃脸上，于是就形成了自然而迷人的面部光线过渡效果。

主光：反光板
轮廓光：150W LED+ 标准罩

案例 3：单侧闪光灯照明

闪光灯＋柔光罩从侧面打光也是非常常用的单灯布光之一。本次拍摄场地是卫生间，娃娃的后背接收到了一些白色墙板反射的光，所以暗部也有细节。像这种反射面较多的地方，摄影师可以举着灯多拍几张找角度，选择最适合的方向来打光。

主光：尼康 SB910 闪光灯 + 柔光罩

案例 4：使用灯带的低角度照明

我们在布光的时候也可以打开思路，并不一定非要使用传统的照明灯具来打光，装饰用的照明灯带也可用作主光。如右图所示，我构造了娃娃逗猫的场景，灯带环绕场景摆放，营造出低角度台灯的氛围感。

主光：柔性灯带

案例 5：晴天阴影处的单灯照明

拍摄这张图的时候，太阳快要下山了，我们所处位置的阳光已经被建筑物遮挡住了，处于阴影中，但远处的建筑仍然被阳光照射着，此时若想保证娃娃的亮度，不使用人工照明直接拍摄的话，背景一定会过曝，所以我立即架设了灯具，顺着太阳的方向，闪光灯功率设为 1/1 全开，相机用小光圈以让背景建筑更加清晰，然后迅速拍摄了这张照片。

小贴士

在晴天高照度下使用闪光灯，需要开启大功率，通常在 1/4 以上，并缩小光圈，只有这样才可以压过阳光。

主光：神牛 AD200 闪光灯 + 八角柔光罩
晴天，日落时分

案例 6：模仿晴天的单灯布光方法

拍摄这张照片时，我想要营造出晴天的周末，在家中打游戏的闲适感，所以在画面左侧放置了一盏 150W LED 灯 + 标准罩，使其从高角度俯射，制造像阳光一样的硬质光。我注意到画面的背景是空旷的白墙，于是拿了一盆家里的绣线菊放在灯前，绣线菊的叶片大小比较符合 3 分娃娃的比例，影子投射在墙上既填补了背景的空白，又能进一步加强晴天的暗示。右侧放置了一个大号白色 KT 板充当反光板，以减小娃娃脸上的光比反差。

主光：150W LED
灯 + 标准罩
辅光：白色 KT 板

3. 多灯布光基本思路

主光：神牛 AD200 闪光灯
+ 八角柔光箱
辅光：反光板
轮廓光：150W LED 灯 +
束光筒
环境光：150W LED 灯 +
标准罩

如上图所示，这是一个很基础的多灯布光结构，包含了主光、辅光和轮廓光，最后又加上了环境光。

主光是照亮被摄物的主要光源，决定着被摄物的明暗和投影的方向，在布光中占主导地位。我们在拍摄BJD 时，需要注意主光要始终符合拍摄场景的逻辑，如在外景中如果太阳从东边照射，主光从西边打的话就会显得很奇怪。

辅光可以是灯，也可以是反光板等附件，主要是为阴影补充细节。辅光的亮度要低于主光，否则它就成了主光。其亮度根据我们对光比、反差的需求决定，辅光越亮，光比越小。辅光通常是软光，这样才能更均匀地提供阴影细节。

轮廓光用于勾勒被摄物的轮廓和线条，通常使用硬光来投射，其作用是把被摄物和背景分离，从而增加画面的空间感。

环境光、基础照明，都是用来照亮背景的，使画面细节更加丰富，不至于出现"死黑"的现象。

（1）环境光。

定义：环境光旨在照亮环境，而非直接照射被摄物。

功能：环境光用于勾勒场景轮廓或营造独特的场景情绪与氛围。

（2）基础照明（底子光）。

定义：作为环境光的一个分支，基础照明为场景铺设初始的亮度层次，是布光的基础层。

功能：基础照明多采用柔和光质，亮度适中，旨在适度揭示环境的基本结构与细节，确保场景具有足够的视觉深度与立体感，不应抢夺被摄物的视觉焦点。

基础的多灯布光一般要考虑以下三点。

① 要拍的东西照亮了吗（主光控制）？

② 光比强（硬朗）一点还是弱（柔和）一点（辅光控制）？

③ 用加一些其他"花里胡哨"的东西（眼神光、轮廓光、环境光、基础照明）吗？

只要将这三点考虑好，我们就可以将它们任意地排列组合，来制造想要的光效和光质。

4. 多灯布光案例

案例 1：在基本三灯布光的基础上做轻微变化

主光：神牛 AD200 闪光灯 + 八角柔光箱
辅光：反光板
轮廓光：150W LED 灯 + 束光筒
环境光：150W LED 灯 + 聚光筒 + 百叶窗遮光片

这是一个非常基础的替换附件的案例，为了让画面更加丰满，我把环境光的标准罩换成了聚光筒，并加入了百叶窗遮光片，这样就形成了充满故事感的百叶窗光影。多灯布光的过程就是这样的排列组合，在某一个光的点位上更换一些特殊的效果就可以营造出全新的氛围。

如果家里没有专业的摄影灯具，也可以使用便携 LED 补光灯或家里的台灯替代，以实现效果，环境光则靠手机闪光灯 + 纸板挖洞来实现，或者靠其他硬光 + 窗框模型来实现。

主光：闪光灯→平板灯 /iPad、大号台灯等平面光源
辅光：反光板（不变）
轮廓光：150W LED 灯→圆形 LED 灯 / 其他硬光
环境光：150W LED 灯→手机闪光灯 / 其他硬光 + 纸板挖洞 / 窗框模型

案例 2：就算完全不使用专业灯具，也可以拍出高级感

主光：环形台灯（色温约 3300K）
辅光、眼神光：iPad
轮廓光：手机闪光灯
环境光：LED 护眼台灯（色温约 3300K）

（1）主光：环形台灯（色温约 3300K）。

这种环形台灯很常见，灯头能随意扭动，亮度可控，通常是暖白光。这种环形光的优点在于其可以打出比较均匀的光线，为了强调娃脸的立体感，我选择从其侧后方 45° 左右打光。

单独主光效果

小贴士

打光时尽量避免出现僵硬的影子，我们一方面可以调节台灯的距离和角度，另一方面可以在台灯的前面加一层纸巾（纯白色），或者使用小的有反光板内芯的柔光屏，除此之外也可以在之后加入辅光冲淡阴影，降低光比反差。

（2）辅光、眼神光：iPad。

有读者可能会问，为什么在布光的章节会出现 iPad？其实，在不使用专业灯具的情况下，我们可以将思路打开，一切发光的物体都可以用来塑造光效。在这里，我们就把 iPad 当作一个均匀发光的大号灯板来使用。通常来说，我们可以粗略理解为，在距离相同、功率相同时，越大尺寸的光源照射的光线越柔和，所以当我们无法使用柔光箱或灯板等专业设备时，不妨试试平板电脑等大屏幕工具。

在这张照片中，iPad 不仅起到了辅光降低面部明暗反差的作用，使面部光影更加柔和，还起到了补充眼神光的作用。

图上圈出来的部分可以理解为"眼睛的高光点"，眼神光可以使娃娃更加有神、生动，有时我们觉得拍的娃娃不够"灵"、不够活，就是缺少眼神光的缘故

可以看到去掉眼神光后，娃娃好像突然失去了梦想

如果眼神光实在打不出来，也能在后期处理时画出来，不过能在前期实现的部分我们尽力实现，这样后期处理时可以省下很多工夫。

我们把 iPad 放在娃娃的正面，高度略低于视平线，营造柔和的效果。略低于视平线可以让眼神光更加明显，但是这个角度不宜过低，否则会有点恐怖。

单独辅光效果

（3）轮廓光：手机闪光灯。

手机闪光灯绝大多数都是点光源，光质比较硬，比较适合营造戏剧性的轮廓光线。

目前，很多手机都配备了双色的 LED 灯，但是其色温还是比暖白色台灯冷一些，所以可以看出图上的轮廓光更偏冷蓝色。

单独轮廓光效果

小贴士

在布置轮廓光时，注意尽量不要过肩、上头，否则容易出现大面积的过曝，白花花的一片。这样就失去了轮廓光的意义，和辅光混淆了。

（4）基础照明：LED护眼台灯（色温约3300K）。

什么品牌的台灯都行，但是最好不要会频闪的。

在最开始的拍摄中，背景是黑黑的一片，没有细节，所以加入了基础照明，补充背景的细节。

基础照明的打法是朝天花板照射，通过天花板的散射来让整个环境都有大面积的散射光。

单独基础照明效果

小贴士

如果基础照明不朝向天花板而是向下照射，就不是散射光了。即使调得很暗，也会有僵硬的阴影感。

最后，将每一个光源都分别调整好后，再全部打开并分别调节亮度，直到明暗反差满意。

案例 3：如何避免即兴的双人布光出现"死黑"，从而拍出质感

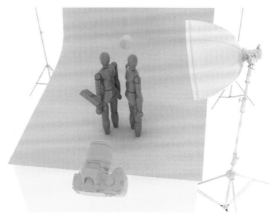

主光：LED 灯板
辅光：LED 圆形灯
轮廓光、环境光：神牛 AD200 闪光灯

这一次的布光没有预先构想，完全是即兴想拍一张"亲密朋友"感觉的照片，所以布光的思路就是"哪里需要补光，就往哪里加灯"。希望这个案例能很好地传达给读者布光的逻辑。

开始，我只使用了神牛 AD200 闪光灯一盏灯，在娃娃 A 和 B 斜后方。这一光位的作用是模仿窗外的自然光，勾勒出两人的轮廓，且通过漫反射照亮整个背景的细节。

在照亮背景、打出些许轮廓后，娃娃脸上的亮度是不够的。若想将娃娃与背景分离，就需要补上正面光，所以我在娃娃 A 的斜下方加入了一盏 LED 灯板。

在我的计划中，屋内是偏暖色的灯光，所以要比户外自然光的色温更低，于是我将 LED 灯板的色温设置为 3200K。

此时再观察主体细节，正面光的加入使娃娃 A 的眼睛中有了光泽，但此时左脸比较黑，面部光比反差较大，所以考虑再给左脸加入辅光填充细节。

无辅光，左脸太黑

加入辅光，左脸有了细节

使用LED圆形灯从缝隙中给娃娃A的左脸补光，这样一来，整个画面就没有"死黑"的部分，视觉上就更加舒适了。

关掉神牛 AD200 闪光灯，只留两盏 LED 灯，虽然有夜晚的感觉，但大量环境的细节损失掉了，并不符合想要的白天的感觉。所以我选择保留神牛 AD200 闪光灯填充背景，最后把照片放到 Photoshop 中调亮并增加锐度和对比度以提升质感。

无闪光灯

有闪光灯

后期处理成片

案例 4：夜晚的外景布光

我在收拾娃娃东西的时候找到了之前的吉他箱，于是想到了可以拍摄街头卖艺的场景。

在本案例中，主光是娃娃正面的神牛 AD200 闪光灯 + 反光伞所反射的光。由于反光伞面积较大，我选择将其半开，这样反光面积就会缩小。然后，我在电线杆后藏了一只尼康 SB910 闪光灯 + 束光筒，将其升高后对准娃娃的头肩部，制造轮廓光。

主光：神牛 AD200 闪光灯 + 反光伞
轮廓光：尼康 SB910 闪光灯 + 束光筒
环境光：红色 LED 板灯 + 蓝绿圆形 LED 灯 + 夜晚路灯与霓虹灯

　　增加色彩照明是拯救平淡枯燥人像的快捷途径。我注意到画面有些单调，决定增加两盏有色灯以使画面更加生动丰富。我把一个LED板灯调至红色，藏在柱子后面，把另一个蓝绿色圆形LED灯吸在铁质电线杆上，这样就实现了增色的目的。

　　此时，我注意到可关闭神牛AD200闪光灯，让反光伞仅反射蓝绿色圆形LED灯的光线，这使娃娃脸上的光线呈现出另一种不同的光比反差。两张照片呈现出不同的风格，各有优势，选择自己喜欢的保留就好。

开了闪光灯　　　　　　　　　　　　没开闪光灯

　　拍摄布光往往是计划赶不上变化的，在现场随机应变才是外景拍摄的乐趣。在变化中找到新的解决方法，就是创新创作的过程。

案例 5：模拟落地窗的室内光效

　　这张图在窗帘外使用 LED 灯 + 反光伞营造白天的自然光效果。在这种光效下，室内是要比室外昏暗的，且室内的灯具颜色要比自然光更黄，所以用手电筒 + 玻璃杯装茶水来模拟室内台灯的光线。

主光：手电筒 + 玻璃杯装茶水
环境光：150W LED 灯 + 反光伞

案例 6：黄昏时借助路过车灯的多灯布光

　　这张图拍摄于一个产业园区。拍摄时正值夕阳西下，为了拍摄有细节的天空，我选择使用神牛 AD200 闪光灯提亮娃娃以降低与天空的亮度差。同时我注意到因为是下班时间，这条路上会有很多汽车经过，所以选择了一个安全的拐角以娃娃身后随机路过的汽车的大灯灯光作为其轮廓光，在有汽车经过时我及时按下快门，拍下了这幅照片。

主 光：神 牛 AD200
闪光灯 + 反光伞
轮廓光：汽车大灯

案例 7：顶光

单独顶光　　　　　　　加入侧面美人碟

主光：150W LED+ 美人碟
辅光：反光板
轮廓光：150W LED+ 反光伞
环境光：手电筒

　　这张图使用了吊在头顶的顶光，模仿了头顶散射光的感觉，使发丝更加有光泽感。如果只有顶光，五官有时会隐入暗部，给人一种阴郁莫测的感觉，所以正午时不建议在大太阳下拍人像或 BJD。

　　为了解决这一问题，我加入了一盏波浪美人碟作为主光，在顶光和主光的包围下，娃脸的光线呈现出迷人而温和的过渡。

案例 8：阳光与柔光的结合

　　此次拍摄想要营造晴天的感觉。晴天的光通常是硬质的，所以使用了 LED 灯 + 束光筒，模拟阳光穿过窗框投射的效果，需要注意阳光通常是高角度的，记得升高灯架俯角照明；再使用一个反光伞制造柔光打在娃脸上。这样既保证了娃娃面光的柔和，又展现出晴天阳光透过窗户的感觉。

主光：150W LED 灯 + 反光伞
环境光：150W LED 灯 + 束光筒（穿过窗框模型投射）

1.4.5　布光常见问题

1. 怎么固定补光灯

　　部分灯具含磁铁，可以吸在各种地方。

八爪鱼三脚架：可以缠在各种栏杆、树枝上，外拍很方便。

碳纤维灯架：轻便小巧，便于携带。

伸缩手机三脚架：便于携带，临时在地上架灯具很方便。

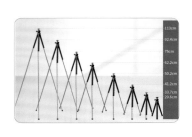

魔术贴绑带：不仅可以把灯捆在某处，还能用来给娃娃捆腿，使其做抱膝动作。

LED 灯座：灯座可以让有 1/4 螺丝的补光灯固定在任意角度，配合支架非常方便。

纳米胶：黏度超高，方便固定。

2. 常用光位推荐

单灯布光和三灯布光是比较基础的两种光位，不能说"常用"，但各种布光方法都可以在这两者的基础上演变而来，所以我建议想学习布光的读者先掌握这两种基础光位。

另外，初学者最好暂时避免用正面的大平光来拍娃娃，这会影响画面质感。

3. 拍照光线太硬怎么办

（1）使用大尺寸灯具。

（2）灯具前使用有反光板内芯的柔光屏、柔光纸（替代工具为硫酸纸、白色手纸、白色塑料袋），且柔光纸离娃娃越近，光越柔。

（3）灯具贴近娃娃。

（4）给阴影部分补光，冲淡主光强度，降低光比。

4. 拍照光线吃妆

（1）与灯具的显色性有关。建议购买 Ra ≥ 90 的光源。如果显色性不佳，妆的颜色很容易被吃掉。

（2）可能相机曝光太过了，可以降低曝光补偿。

（3）有时逆光等角度也可能会影响成像质量，导致吃妆。如果无法避免逆光，后期调整饱和度和明暗程度也是一种解决方法。

（4）色温方面，黄色的光有时会影响我们对颜色的判断，可以考虑 4000K ~ 6500K 的色光。

5. 纯色背景颜色不均匀、有阴影

（1）单独用一盏灯照亮背景。

（2）被摄物离背景太近了，光影投到了背景上，应使被摄物和背景留出一些距离。

6. 入门摄影灯推荐

LED 灯板可以考虑 14cm×20cm 尺寸的，尺寸再小光就有点硬了。

补光棒也不错，可以考虑搜"汽车维修灯""修车灯"等关键词，可以比专业补光棒便宜很多。

不推荐初学者使用闪光灯，因为使用方法比较复杂。

1.4.6　有限的场地和灯光道具拍摄实践

很多时候，在拍摄中我们并不需要很多专业的灯具也可以拥有氛围感很好的灯光效果。以下根据我的实践，介绍几种把"光"作为画面中氛围感的道具，增加画面丰富性的例子。

1. 柔光纸巧用背光

拍摄的时候我用了一盏台灯打在娃娃背后的柔光纸上，前面用了另一盏台灯补光。

家用灯具也可以创造出娃娃背后带有圣光感的温柔光晕。

柔光纸

拍摄现场

光位图

成片效果

2. 彩色垃圾袋替代彩色滤光片

　　拍摄的时候因为没有彩色滤光片，我用蓝色垃圾袋将补光灯给罩了起来，借助垃圾袋的颜色让自己成功得到了一盏有色灯。

　　蓝色的光和娃娃本身红色的头发形成对比，产生了一种视觉反差。

垃圾袋＋灯具　　　　　　　　拍摄现场　　　　　　　　　　红蓝对比成片

3. 锡箔纸的光斑塑造

拍摄的时候我把一张锡箔纸揉皱之后又展平放置在娃娃身后不远处，并用台灯对着锡箔纸背景补光，最后运用大光圈拍摄得到了这种焦外虚化的梦幻效果。

焦外的光斑增添了整体画面华丽的氛围

4. 利用灯具本身的造型

拍摄的时候我用一盏环形 LED 灯作为特效道具，得到了圣光环和圣洁少女这种意境与主题契合的照片。既营造出了氛围，又省去了后期处理。

环形 LED 灯

拍摄现场

自然的圣光效果

5. 光的反射也是光

我在布景的前方放了镜面纸，然后对镜面纸进行补光，镜面纸的反光塑造了波光粼粼的效果。

镜面纸的反光给画面增添了波光光斑，让原本简单的背景变得丰富起来。在实际拍摄中，使用反光板可以改变光线的方向和强度，帮助调整照明效果。

无论是自然光还是手边的照明物，它们都是可以营造氛围感的光源。关键在于观察和利用光线的特点，并合理运用一些可以改变光线的小道具，使光线和你拍摄的主题氛围融合，最终让光线为你的照片带来独特的氛围感和艺术感。

记得一句话——一切皆为画面美学服务，所有的东西你都可以进行实践和尝试，总会有有趣的发现！

第 2 章

打造摄影场景

学会使用相机以后，就开始进行实际拍摄吧。先来看看在家里应该如何拍。

2.1.1 居家生活照

1. 资料搜集：布景就是抠细节

如果想拍居家生活照，就去找一些家装图或生活类的写真作为参考资料，或者干脆环顾四周看看自己家里有什么，然后进行头脑风暴，看看哪些对于 BJD 拍摄来说是好实现的布景。海报就是制作简单且能提升真实感的布景利器，无论是购买贴纸还是自己打印都能产生良好的效果。

电视、电视柜、照片墙、日历、绿植等元素比较好实现

图中可以提取出搁架、椅子、矮桌、长凳、绿植、抱枕等元素

如何把参考资料化为己用呢？先尝试 1：1 地去复刻一张参考图，然后将多张参考图混合起来，把各种元素交叉组合，时间长了就知道布景时可以放入哪些物品了。

想拍居家生活照可以参考电影、剧情类 MV、日杂写真。它们通常都有考究的布景，生活感十足。

生活感是从一些不经意的细节中体现出来的，所以拍摄前就要注重这种细节，抓人物动作，如拍过生日就抓住许愿这一特点，拍亲密关系可以拍两人逛超市、做饭等。下图就是与沙发的互动，娃娃在沙发上不一定就是干坐着，可以惬意地躺下玩手机或阅读，这些都是通过细节反映出来的真实生活感。

2. 道具：购买、平替和自制

准备道具是举一反三、大开脑洞的过程，首先是确认可以购买到的道具。

BJD 专用的道具就不再赘述，大家可多看相关资讯并自行购买，这里介绍一些非 BJD 专用的道具。

例如，各种模型（如食玩、扭蛋等），它们不仅是娃娃手中的道具，还可以充实背景，填补空白。在电商平台搜索"模型""迷你""钥匙链"等字样可以收获很多惊喜。如果有条件可以在日本的 DAISO 和 LoFt 转一转，下图中的迷你橡皮、迷你彩铅都是在 LoFt 买的，小铁盒是在 DAISO 买的，做旧效果的本子则是将普通打印纸和牛皮纸裁好尺寸后用红茶泡染的。另外，偶季和美国女孩娃娃的不少小物也可以通用。

ZURU、Christian Tanner 等玩具品牌有各种日化产品的盲盒、明盒模型，ZURU 可以在淘宝、拼多多买到，Christian Tanner 则需要在亚马逊购买。它们的比例可能不适合 3 分娃娃，但是作为布景效果还是不错的，唯一的缺点就是价格不是很便宜，可以去电商平台看看尾货、尾单和瑕疵品等。

在购买时也可以多思考有哪些人用的物品可以给娃娃当平替，如酒店的牙膏就很适合娃娃。这样的例子有很多，平时可以多注意观察。

与家具不同，这种小的道具用于布景时不用太纠结比例与尺寸，想达到逼真的效果重点在于"多"，当道具足够多时，就比较容易营造出"家"的感觉。

墙面装饰使用自行打印的各类图片、画报、文件等，如果不愿意自己打印，可以网购一些手账素材与手账贴纸，从而满足各类风格的布置。这些素材还可以用来当作桌上的文件和各种纸张。

娃娃用的手机、相机也是扭蛋类的，但是功能机手机扭蛋似乎售比较久了，大家可以去闲鱼上看一看。至于智能机，很多 BJD 商家在做了。

各类标本也能提升布景的高级感。搜索日历、台灯时加上"迷你"二字可以搜出很多，在电商平台搜索"迷你仿真多肉""迷你摆件""微景观""迷你花瓶"等可以找到很多合适的绿植布景。如果有能力的话，也可以自己买

差不多尺寸的亚克力方盒，制作水族箱或两栖缸。

下图的收纳篮其实是"胶囊咖啡收纳架"，电商平台上有很多类型，大家可以自行挑选购买。地板是"沙发扶手垫"，我买的是宜家的"瑞迪贝"款。

在电商平台上搜索"ins 风米白色地毯"，选择价格比较低的，可以给布景整个铺上，从而避免尺寸比例不对。

然后是买不到或可以自制的道具。

例如，我想拍一个在桌前的场景，但我没有买过 BJD 用的家具桌，怎么办呢？

只要是平面，都是可以的，我们完全可以在一个整理盒、一个小

柜子、一个行李箱上铺上"桌布"，让它成为一个桌子。只要不拍全局，就完全看不出它是什么。记住：只有在镜头内的布景，才是你需要设计的。

另外，可以尝试自己绘制一些迷你画，它可以是任何材质的。亲手绘制的画与打印的画还是有所不同的，放在布景中能给人一种"娃娃的作品"的感觉。

购买一些小的盘子来装水果可以让"家"充满温馨感，如红色的小圣女果、树莓、黑蓝色的桑葚、蓝莓。需要特别注意的是，桑葚和蓝莓的颜色较重，要小心染色问题。

用丰富、茂盛的绿植填满布景的各个角落，也可以带来意想不到的效果——这些绿植可以让以"家"为主题的布景空间更加柔和，充满生命力与视觉感染力。

我建议家里有养绿植的朋友可以在拍摄时顺便修剪一下植物，充分利用剪下来的枝条来装饰布景。

右图中剪下的绿植有姬龟背竹、云母蔓绿绒、冷杉、小叶薜荔、马醉木、网纹草和绣线菊。其中，部分植物使用后还可以扦插再次生长，所以不用担心会浪费。

3. 布景就是盖一间完整的娃娃屋吗

不是的！我们的布景是为拍摄服务的，因此只要够用就可以了。

很多朋友经常会问，想要拍摄生活感的场景，但是地方太小不够用怎么办？实际上，如果觉得布景空间有限，要先摒除"搭一整间屋子"的想法，只搭设房间的一角即可拍摄出很完整的效果。

上图中，都是只展示了一面墙或两面墙的夹角，桌上的台灯、搁架、地球仪、床头柜、照片等都是揭示环境特征的元素

从局部入手，如几张海报和一桌子的文具，路边的垃圾桶和散落一地的旧传单，西瓜配风扇等，只要听到这些元素的搭配，脑子里就能想象出整个画面，它们就是核心的重点元素，只要抓住这些重点元素来呈现就可以搭出故事感极强的布景了。

4. 案例分享

上图这个布景在家具方面最开始使用了宜家的高杆台灯、花架、桌面抽屉柜，以及一个小的桌面置物架；墙面使用了KT板。根据布景需要，去掉了桌面置物架和高杆台灯，改为两个上墙搁架板，左右分别摆放娃用柜子和娃用窗户，防止穿帮。

参考过很多装修图片后，这次打算做一个上墙搁架板，于是在电商平台下单了30cm×5cm×1cm的松木板，结合画托无痕钉即可组装成搁架板，如果需要放较重的东西，建议还是用胶水粘一下。

之前定做的娃用窗户除可以用作布景外，也可以与灯光结合，打出窗棂的光影。窗户不一定要嵌到墙里或放置于墙上，可以用各种东西垫高后使用，只要拍摄不穿帮即可。

桌面道具摆放的秘诀是"叠放"，不要一字摆开，否则会显得很呆板。叠放书本、斜放道具、散落铅笔等都可以增加自然感。

布景没有什么规则，觉得自己在家会把这些道具摆在哪里，就放到相应的位置即可。

家具并不一定拘泥于它原来的宽度。例如，拍摄时我觉得桌子太窄，就用相框把它延长了一部分。只要在取景中不穿帮，都是可以的。大家可以打开思路，只要在一个平面上加一块桌布，都可以作为桌面。

这两张图设计的是设计师居家画画的场景，所以让娃娃一只手拿着笔，另一只手自然地托着腮，眼神看向镜头侧沿，给人一种边画边思考的感觉。

光圈根据个人喜好设置即可。想要交代环境则使用小光圈，想要强调人物、将人物从背景中分割出来则使用大光圈。

娃娃不一定要坐在桌前，也可以坐在储物柜上来看杂志、睡觉等（没有配套眠头可以后期处理或把脸挡住）。给娃娃安排具体的动作或故事可以有效提高故事感。

2.1.2 前景 / 中景 / 后景

1. 棚拍布景的逻辑

　　我们经常会遇到拍摄时需要自己布景的情况，很多人或许会苦恼：我应该怎么把 BJD 及其他许多拍摄元素合理地布置在一个有限的空间内，并契合拍摄主题呢？

　　这里我根据个人经验，分享自己总结的布景的基础逻辑和元素运用，让每一位读者都能成为布景小能手。要记得我们的核心永远是一切皆为画面美学服务。

───────────────── 小贴士 ─────────────────

这里结合摄影构图中的前、中、后空间感来总结普遍适用的布景逻辑。

2. 布景的"空间"概念

大家先要理解，虽然我们拍摄的照片是平面的，但是拍摄的景是立体的。在前文我分享过平面画面的一些构图方法，而布景就是把平面画面中的元素放在这个立体的空间里，即在 x、y 轴之外还有 z 轴。

3. "空间"构成的区域

由于空间是立体的，我们可以把空间按纵深方向分为 3 个区域：前景、中景、后景。而布景的基础逻辑就是在这 3 个区域内填充想要的拍摄元素。

在为拍摄 BJD 布景的时候，通过合理布置前景、中景和后景的拍摄元素，我们可以为画面增添层次感和深度，提高成片的美感。

前景（红色）
中景（黄色）
后景（蓝色）

● 前景

定义：前景通常是指位于画面最前方的元素或区域，也是离相机最近的区域。

作用：它在构图中起到增加画面层次感和创造立体纵深感的作用，可以提高画面内容的丰富性，平衡画面构图，吸引观者的注意力。

在以真实感为前提的现实主义生活场景布景中，前景可以是家具、窗帘、隔断等道具，从而与主题、故事情节相呼应，起到突出主题和增强真实感的作用。

前景：窗帘、窗台　　　　　　　　　　　　　　　　前景：人物、墙壁

在以视觉呈现为前提的形式主义美学场景布景中，前景就是符合视觉呈现主题的道具，主要增强视觉呈现的氛围感，如烟雾、植物花朵等特殊道具。

当然，前景也可以是 BJD 本身，以增加整体的互动感。

我们在实际拍摄中可以把前景开大光圈处理成焦外虚化，也可以将前景当成焦点。

前景面具，虚化

前景娃娃，焦点

- 中景

定义：中景是指介于前景和后景之间的区域，也是位于纵深空间的中间区域。

作用：它在空间中起到衔接前景与后景、平衡画面、创造过渡效果的作用。因为是平衡、衔接画面的区域，所以中景是最稳定的一个区域，一般也是我们安放娃娃的区域。

在以真实感为前提的现实主义生活场景布景中，除娃娃之外，中景还可以是道具、家具等能与娃娃互动的元素。

中景：娃娃＋家具围栏

中景：娃娃＋书

中景：娃娃＋家具

在以视觉呈现为前提的形式主义美学场景布景中，中景可以是和娃娃处于同一平面有互动感的装饰品道具。如造型纱、干花、植物等，从而起到填充空隙，以及提高整体画面丰富性和完整性的作用。

中景：娃娃＋造型纱＋干花　　　　　　　　　　　　中景：娃娃＋植物

- 后景

定义：后景是指可拍摄的纵深空间中离相机最远的区域。

作用：它在棚拍布景中通常起到营造特定的环境氛围和圈定整个场景空间大小的作用。它不一定是最起眼的，但一定是布景的基础，为整个画面提供统一的视觉背景。

在以真实感为前提的现实主义生活场景布景中，后景可以是大型家具、建筑结构、自然景观等展现整体场景内容的东西。

后景：墙面

后景：废墟环境

在以视觉呈现为前提的形式主义美学场景布景中，后景可以是与拍摄主题相符的背景布、背景板或装饰墙纸等道具。

后景：印刷背景布

后景：红色背景板

总之，在棚拍布景中，前景用于增加层次感和吸引注意力，中景用于平衡画面和填充空隙，后景用于营造环境氛围和圈定区域大小。每个区域都有其独特的作用，合理地在这 3 个区域内安排布景元素就可以营造出令人满意的场景效果。

4. 棚拍布景的三区域组合案例

以真实感为前提的现实主义生活场景布景。

前景：无
中景：娃娃 + 家具
后景：墙壁

以视觉呈现为前提的形式主义美学场景布景。

总结：棚拍布景的逻辑是将拍摄空间划分为前景、中景和后景，并根据主题氛围和故事情节选择合适的拍摄元素来填充每个区域，保证每个区域内的拍摄元素之间共享一个主题逻辑，打造出丰富而不杂乱的场景，提高成片的完成度。

前景：镜子
中景：娃娃
后景：背景板

5. 个人棚拍布景常用道具分享

我将布景道具分为常用道具和特殊道具。其中，常用道具是适配于大部分拍摄需求的道具，在布景时根据 3 个区域的需求直接填充就可以增加画面的层次感和细节。而特殊道具是有主题限制的，是为了特定主题或概念所设计和购买的道具。这里主要分享我的常用道具。

自然类道具：作为摄影中常见的布景道具，不仅能够增加画面的色彩和生机，营造出浪漫和温馨的氛围，还可以根据植物山石本身的高低错落创造出层次感。

布料类道具：利用不同材质与纹理的布料，如薄纱、金丝绒等，可以增加画面的质感和层次感，使照片产生柔和的效果。

背景板类道具：纯色背景板（布）适用于各种拍摄场景；不同颜色或带有渐变效果的背景板可以营造出不同的情绪和氛围；带有装饰的背景板可以提升场景的华丽度和可信度。

家居类道具：一般包括但不限于符合 BJD 尺寸的家具、屏风、灯具、书籍等道具。这些道具可以用来创造具有真实感的室内环境，营造出不同的生活氛围。

还有一些可以创造有趣内容的常用道具。

空间的延伸——镜子。利用镜子的反射效果产生多重映像，为照片增添奇幻感和互动性。另外，可以通过透视感延伸已有的空间，将原有的很小的布景范围放大。

无形之物最能填充空间——烟饼。烟饼可以通过产生浓厚的烟雾来增加画面的层次感。烟雾效果可以模糊或隐藏部分背景，从而突出前景或焦点物体，以营造如浪漫、诗意等特定的氛围（注意烟饼燃烧时的防火安全）。

画中画的迷人之处——相框。画面中的相框是天然的焦点标注框，在场景中能够直接引导观者的视线，还能创造出画中画的互动感。

一切皆为画面美学服务——人用家具。利用身边的一切可用之物，人用家具也可以成为布景的一部分，人用家具可以作为前景最终以焦外模糊的方式出现在画面中，简单地展现画面的纵深感。

前景是人用小桌子

前景是有桌布的人用茶几

6. 布景道具布置的注意事项

（1）道具的数量要适度，重要的是最终成片画面的平衡感，3个区域只起空间辅助作用，实际操作中不必为了凑足3个区域而硬加，以免分散或削弱画面的焦点。

（2）避免道具摆放不协调，如露出一些道具穿帮或不好看的部分（实在没有办法可以进行后期处理，详见后文）。

（3）根据实际拍摄场景进行调整，考虑道具和娃娃的实际比例。

布景道具是摄影创作中重要的辅助元素。我们在考虑好构图的平衡感和层次感之后，根据道具的大小、类别、纹理等特点，将它们放置在前景、中景或后景中适当的位置，以实现整体画面的美感表达。大家可以参考我在实践中使用的道具丰富自己的道具库，将每一次给娃娃拍摄布景的过程变成一种有趣的体验。

2.1.3 单色背景棚拍的配色与布景

1. 单色背景棚拍的前期构思与准备

单色背景棚拍是室内棚拍中最常见、应用最广泛的拍摄形式，它能很好地突出人物主体或高质量地呈现物品的细节。相信很多人无论是拍摄商品贩售图，还是拍摄BJD个人私养图，都绕不开它。同时，肯定也有很多人觉得单色背景棚拍非常枯燥、很难拍得出彩，但其实掌握好特定的技巧后，单色背景棚拍也是非常好驾驭的。

首先，我们在着手进行单色背景棚拍前，不妨从以下两个方面进行构思。

● 色彩搭配

色彩是构成画面的重要元素，可以通过调配色彩来改变画面的情感表达，给人们留下直观的视觉印象。确定色彩的选择与搭配是单色背景棚拍极其重要的第一步。当感觉没有头绪的时候，可以尝试使用基础色环辅助我们展开思考。色彩三要素是指色相、纯度和明度。色相就是色彩的相貌，即我们通常说的各种颜色，如红、橙、黄、绿、青、蓝、紫等。

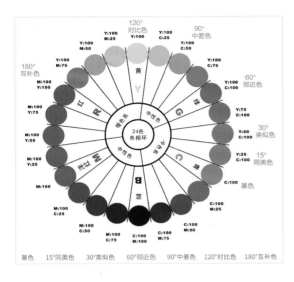

纯度：色彩的纯净度、鲜艳程度

明度：色彩的明暗程度、亮度

纯度从左往右依次递减
明度从左往右依次递减

色彩明度，控制画面情感。明度是指色彩的明暗程度，也称亮度。它可以通过黑白灰的关系单独呈现出来。白色最亮，明度最高；黑色最暗，明度最低。对色彩明度的调控可以使照片呈现出不同的情感。我们可以将色彩的明度划分为 3 个等级，即高明度、中明度及低明度。

使用高明度的色彩组合，可使照片明亮，带给观者一种充满活力的心理感受，这种色彩组合通常用来表达一些活泼、清新的摄影主题。

使用中明度的色彩组合，可使画面平衡、扎实，带给观者松弛的感受。

使用低明度的色彩组合，可使照片的光影效果较为突出，画面整体充满氛围感，给观者带来宁静的心理感受。同时，通过局部区域灯光的搭配，还能有效突出画面的重点元素。

色彩纯度，赋予画面表现力。纯度是指色彩的纯净程度，也可以理解为色彩的鲜艳程度。对色彩纯度的调整可以使画面呈现不同的表现力。我们可以将色彩的纯度划分为 3 个等级，即高纯度、中纯度及低纯度。

高纯度色彩是所有色彩中最鲜艳的。此类色彩在视觉上具有高识别性，能使画面产生较强的视觉冲击力。

中纯度色彩在视觉上能给人一种平和的感受。在拍摄中，将中纯度色彩应用到元素与背景的配色上，可营造出舒适的视觉空间。

低纯度色彩的饱和度较低，通常当某种色彩混合了部分灰调、棕调或其他色彩时，它的纯度就会相应地降低。低纯度色彩可以降低画面整体的鲜艳度，同时使画面呈现出淡雅、富有仙气的视觉效果。

　　运用同类色、类似色，打造简明统一的色彩印象。在色环中，选定一个基色，与基色的夹角在15°以内的色彩是其同类色，与基色的夹角为15°～30°的色彩是其类似色，我们可以运用它们的组合来打造简洁、协调的画面效果。需要注意的是，为避免背景色与被摄物发生混淆，最好在色彩明度上表现出差异。

运用邻近色，突出画面表现力。在色环中，与基色的夹角为60°～90°的色彩被称为基色的邻近色。邻近色与基色的对比可以凸显画面表现力，同时此类配色不易出错，对初学者十分友好。

运用对比色、互补色，强化视觉感染力。在色环中，与基色的夹角为120°～180°的色彩被称为基色的对比色与互补色。它们在色相上的差异非常明显，若高纯度且大面积地使用，会使画面冗杂拥挤。在实际运用过程中，我们需要配合拍摄主题的需要，适当调节对比色间的差异。例如，可以分别将基色和对比色的纯度与明度适当减弱，有效降低它们之间的冲突性；还可以通过缩小它们在画面中的面积，削弱对比程度，起到点缀的作用。在拍摄时，合理利用基色与对比色之间的调和关系，可使画面整体的表现张弛有度。

● 素材搭配

确定了整体的色彩搭配后，我们就可以继续开展素材的选择与搭配了。素材并不是堆砌得越多越好，那样不仅会增加成本，处理不得当还会让画面显得杂乱无章。素材的选择重在精准与合适，我们从以下几个方向开始联想吧。

（1）呼应娃娃衣服本身主题的方向。很多娃娃的衣服本身就包含了一些主题，或者有着独特的设计风格，这些都是我们开展素材搭配的重要参考方向，可以很好地提升画面整体的协调性。

这套衣服的花纹图案是"水母""珊瑚""海浪"，我特地做了一盏水母形状的小宫灯，拍照时再给娃娃贴上小龙角，搭配起来很合适

这套衣服的名字是"梦花亭"。昙花一梦，相思亭边。衣服的绣花也呼应了这个主题。因此，我在布景时特意选择了同主题的素材，金属亭子和大朵的昙花拍起来很出片

（2）娃娃妆面特点延伸的方向。如果娃娃本身的妆面带有十分明确的元素或有明显的时代特点，从这些特点入手进行延伸，强调整体氛围，也是个不错的选择。

妆面上的花钿让她看上去如同一个仕女，为她制作了一顶"闹蛾扑花冠"，鸟笼、花瓶、屏风等素材将整体的氛围烘托得恰到好处

具有浓浓"唐风"的妆面，背景布为敦煌壁画图案，使用的家具也改为了具有那个时代特征的"凭几"，服装、发型都选择了符合人物妆面特点的款式，效果十分理想

（3）特定节日素材的方向。你是否有过很想拍摄节日纪念贺图的时候呢？那就大胆尝试吧，可以从不同节日常见的文化意象、常使用的庆祝元素入手，一步步构建带有浓厚节日氛围的专属棚景。

"明月""玉兔""月饼"，中秋佳节可以联想的素材太多了。"云母屏风烛影深，长河渐落晓星沉"，居住在广寒宫的嫦娥仙子是否也会有所牵挂呢

新春的主题自然以喜庆为主，让我们用"红包""花灯""对联"等琳琅满目的小玩意儿将画面塞满，看起来热热闹闹

除上述几点外，四季的更迭、故事的设定等都是素材搭配的思考方向，都能给予我们源源不断的创作灵感，值得我们细细品味、深入挖掘。

2. 从无到有，一起搭建一个单色背景影棚

搭建单色背景影棚的道具其实不多，右图中用到的基本都是"刚需"，尤其是支架一类需要承重的道具，大家要选择结实耐用、品质较好的购买。

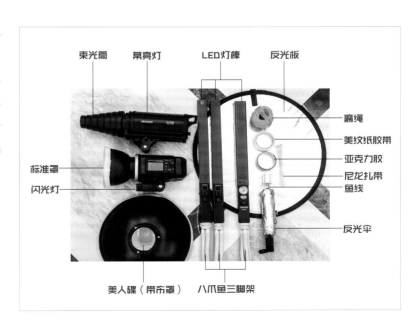

闪光灯：如果将闪光灯作为主光源，或者整个影棚的布景比较大，那么可以使用 600W 的闪光灯。如果闪光灯只是作为辅助光源（主光源为常亮灯或自然光），选择 200W 的闪光灯就足够了。因为大部分闪光灯本身不具备调节色温的功能，因此可以在灯罩内加一层滤色纸。

把滤色纸剪成圆形卡放在灯罩内，就可以改变灯光的颜色了

常亮灯：一般选用 150 ～ 200W 即可。常亮灯的灯光比较柔和，搭配各类附件（蜂巢、束光筒、美人碟等），可以拍出各种不同的光影效果。同时，常亮灯不会像闪光灯一样，我们在按下快门之前不知道拍出来的效果是什么样子的，它是一种非常易上手的补光工具。

标准罩：又叫遮光罩，是安装在灯具前端，控制光线范围大小的装置。

美人碟：在棚拍中，经常搭配闪光灯作为主光源使用。我个人觉得美人碟非常适合色彩明度高的棚景，它可以使光线很均匀、很柔和地照顾到画面的每个细节。如果拍摄娃娃衣服的商品图，美人碟打出的光线还能很好地"抚平"衣服上一些细小的褶皱。

束光筒：常用于将光线收束聚焦在局部，缩小照射面积，帮助我们突出画面中的某一特定区域。

LED 灯棒：可以随心调节色温、色相，还可以搭配电池带出门外拍。我常将它们分不同角度摆在娃娃的正面、侧面，照亮娃娃的主体与面部，好用又轻便。

八爪鱼三脚架：3 个包胶的脚撑可以随意弯曲，一般搭配 LED 灯棒使用，可以让 LED 灯棒立在很多地方，甚至可以缠在树枝上、栏杆上。

反光板、反光伞：常用于自然光的环境下，或者作为反射其他光源的辅助用具，第一章中有详细介绍，这里不再赘述。

麻绳：结实防滑，用来捆扎各类布景素材。

美纹纸胶带：可以用来粘贴滤色纸、固定各类素材、道具，易被扯断，还不会留下胶痕。

亚克力胶：黏性很大，粘东西很牢固，常用于固定地上铺着的木纹纸、地毯、镜面纸等。

尼龙扎带：将网格铁架牢牢地绑在背景支架上，减少安全隐患。

鱼线：常用来悬挂、牵扯各类布景素材，比较隐形，方便后期处理。

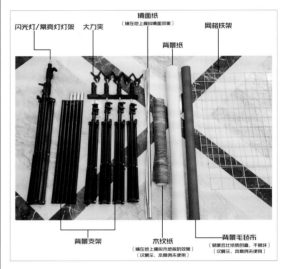

闪光灯 / 常亮灯灯架：因为灯具本身都比较重，所以灯架一定要选择稳定坚固的款式。

背景支架：可以购买中间长杆易拆卸收纳的款式，以便自由组装。根据个人经验，可以安装前后两层，在两层中间放置网格铁架。

大力夹：用于夹背景纸、夹悬挂物等。

镜面纸、木纹纸、背景纸、背景毛毡布：可以根据自身需要在电商平台上购买不同材质、不同颜色的。

网格铁架：架在两层支架中间，可以随心悬挂很多布景素材。

根据长期的拍摄经验可知，如果是拍摄 3 分及 3 分以上尺寸的 BJD，比较推荐 3m×2m 的背景纸或背影毛毡布，将 2m 的边夹在背景支架的横杆上，调节背景支架高度后再将 3m 的边自然垂在地面。这样大小的背景对于 BJD 布景而言不仅发挥空间足够，而且相机无论从什么刁钻的角度进行拍摄，基本都不会拍出界，可以大大地减少后期处理的工作量。当然，背景的大小还需要根据个人的拍摄习惯来定，4 分、6 分的 BJD 使用 1.5m×2m 的背景纸也足够了。

一起看看布景的过程。

（1）将背景支架搭好，用大力夹夹住背景纸，可以在背景纸前面再搭一层支架。

（2）在两层支架中间，垂直搭上网格铁架。出于安全考虑，一定要使用尼龙扎带把网格铁架绑好。

（3）在网格铁架上用大力夹夹住准备好的布景素材，如果长度不够，也可以用鱼线悬挂。如果是比较重的材料，就要选用粗一点的鱼线，否则会有掉下来的风险。

（4）继续完成地面上的布景。布景材料中用到了一座小桥，为了迎合这一特点，我选择将镜面纸作为地面的铺料。新鲜花草可以插在湿水后的花泥里，然后用塑料袋把花泥包裹起来，这样花草就能立起来了，也不会弄脏地面。最后，使用石头把花泥块遮住即可。

布景完成了，让我们开始后续的拍摄吧。

拍摄过程中，我们可以灵活地调节布景中的各个素材来配合娃娃的姿势。悬挂的帘子、紫藤花的高度可以调节，小桥的位置、花草的位置可以根据画面需要随意挪动。

单色背景棚拍的一大优势就是能很好地兼容各种形式的多点布光。为了突出本套作品中娃娃"柔美""恬静"的形象，此案例中使用了多个方位分散地布置灯光，让整个画面饱满充盈。

小贴士

一直坐在地上拍照会感觉凉凉的、不舒服，可以买一个带轮子的小矮凳，坐在上面挪来挪去，拍照的时候用非常方便，或者买一张折叠桌，在需要搭棚拍照的时候展开，把娃娃放在桌上拍，这样拍照体验会更好。

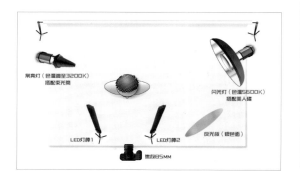

2.2 去大自然中取景

在室内拍多了，也可以去户外拍摄，从大自然中寻找适合拍摄 BJD 的小景。

2.2.1 修灯的野外探险

1. 外拍装备

适合 BJD 外拍的装备有很多选择：钓鱼包、灯架包、妈咪包（两种形态）、露营拉车等。

钓鱼包、灯架包比较适合装娃娃，可以当作外出包。

妈咪包是用来装各种工具的收纳包，其中还有一种可以打开成为一个简易婴儿车，我个人感觉很适合临时把娃娃放在里面，比较干净，感兴趣的读者可以尝试一下。

露营拉车则是在拍摄比较复杂的场景、携带物品较多时会使用的装备。

我在外拍时一般会带一个双肩包和一个拎包或纸袋，双肩包用来放各种道具、工具，而拎包则是以如图所示的形式放娃娃。

双肩包中通常放以下物品。

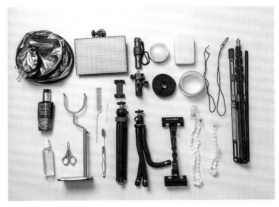

BJD 支架：根据设想的拍摄动作决定带夹腰支架还是夹裆支架。

分缝梳子 / 牙刷 / 仓鼠梳子：用来调整假发造型，尽量减少飞毛，牙刷和仓鼠梳子很适合梳马海毛头和羊毛头。

发油 / 清水喷瓶：用来让假发显得更加服帖，减少飞毛。

纳米胶：用来固定各种道具、灯具等。

小剪刀：用来剪纳米胶，以及把不服帖的飞毛剪掉。

八爪鱼支架 / 伸缩手机支架：用于架设各类灯具，其中八爪鱼支架可以随意绑在各种栏杆上，方便、实用。

颗粒骨架万向夹 / 粗铁丝：用于挑起发丝、裙摆等，营造飞扬的感觉。

临摹夹：用于夹反光板等。

擦擦克林：临时清洁用。

各种道具配饰：根据拍摄的内容做相应的准备。

2. 选择场所

对于 BJD 摄影来说，选景自然是要选择一些适合微缩模型的场景，一般来说要选择比例模糊或低矮的场景。例如，广阔的草坪能弱化娃娃与环境的比例。

不同的场所有不同的拍摄方法，如拍摄巨大的树木、森林、城市景观就可以考虑使用广角而非长焦，以容纳更多的景物。

对于花团锦簇的花坛、花丛，可以使用大光圈与长焦做减法，摒除杂乱的花朵与枝条，强调娃娃的细节。

● 拿上手机，随便转转，看路边哪些地方适合取景

案例 1：路边矮墙，看起来没有格调

　　这是大家很喜欢拍但是也很容易失败的外景场所之一。

　　路过这片矮墙，因为有绿植垂下，感觉不会太单调，所以我选择在这里拍拍看。

　　摆上娃娃后发现盲道会影响构图和比例，但又避不开，所以我换一个角度到右侧，可以看到镜头还是有些太广了。

　　使用 3x 长焦拍摄，且角度尽量放低，前景带上植物，这样就可以拍出比例舒适的照片。

案例 2：看起来很窄的小路，拍出来完全不对

　　这条小路看起来很窄，把娃娃放过去，娃娃小到几乎看不见。

　　想拍摄出像上一个案例一样沿着小路走的感觉，但是来往的车太多，并不好看，所以我选择到马路对面去拍摄。

　　可以看到这两张图中娃娃身后的树丛正好有个凹陷，我们在拍摄时要留心这种平面背景的局部变化，把娃娃放在这种位置更能凸显其存在。

案例 3：很壮阔的树林，怎么拍好看

这是公园里很整齐的一片树林，怎么才能拍得好看一些呢？

以上是两个错误例子，第一张照片的娃娃太小，没有起到点睛效果；第二张因为角度过高，地面占了画面的 2/3，娃娃的比例一看就不对

因此，这里依然选择从低角度拍摄，相机可以使用翻转屏，手机可以尝试放低、倒过来拍摄，呈现的效果如下图所示，可以看到地平线不超过照片的 1/3，这样比例就舒服多了。

● 拍摄注意事项

重点：场景与故事、人设一定要匹配，在什么样的场景做什么样的事，拒绝人设崩坏。

案例 1：动作与场景配合，出外景才有意义

这是一组娃娃衣服的广告图，服装风格是都市丽人风，所以我选择了在北京 CBD（中央商务区）附近拍摄。

镜头分别为 20mm 和中画幅 45mm（等效全画幅为 35mm），这是两个广角镜头，因为 CBD 的商业建筑都非常高，想要与 60cm 高的娃娃（3分娃娃）相匹配，就要开广角贴近娃娃，并尽可能低的角度拍摄来拉长其身形，并压缩远处建筑的高度。

动作设计方面，因为背后是斑马线，所以我为娃娃设计了过马路的动态动作以匹配场景，这种动作与场景的配合更能增加画面的真实感。

案例 2：除了趴在地上，还能怎么拍出人类视角

如果觉得趴在地上拍照太痛苦，也可以换一个思路，即把娃娃放到高处拍摄，可以放到高的台子上，也可以将娃娃的支架接在三脚架上。还有一种笨办法，即单手将娃娃举高，用另一只手持相机。这样娃娃便处于人眼常见的视角高度了，此时背景的建筑不再是墙根，娃娃和建筑的比例更接近真人比例。

需要注意的是，如果娃娃身体的筋松了很有可能会突然鞠躬、后仰等，有磕妆的风险，一定要非常小心！另外也要注意单手持相机不要把相机摔了。

案例 3：大人国的世界！怎样拍显得不呆板

我们在拍摄，特别是拍室内景观的时候，最苦恼的一件事就是环境和娃娃的比例不匹配，这个问题要怎么化解呢？

我们要先确定主题，如下图确定的主题就是去超市购物。遇到的问题就是超市里的商品对娃娃来说太大了，如果就这样拍，必然会显得非常刻意且呆板，因为 3 分尺寸的娃娃和正常尺寸的商品去互动还是有些吃力的。

所以，我为娃娃准备了一些娃用比例的杂货，如饮料、面包、芝士片等，并用牛皮纸制作了购物袋。

这些娃用比例的道具就是大人国的世界和娃娃联结的纽带，当娃娃"拿"着这些道具去逛超市时，它们的行为就非常具象化了。所以，想要在室内拍摄生动且具有故事感的照片，一定要让娃娃与场所有互动，通过道具来连接就是比较实用的一个方法。

案例 4：前后景的作用

下面这张照片想要告诉读者前景和后景的作用。我想要拍摄娃娃转身离去的感觉，选择的场所是家门口的街心公园，并且使用了较大的光圈，以使后景模糊，让视觉焦点集中在娃娃身上。

但是，只有模糊的后景，整个画面会显得很平淡，因此我转移到了一棵刺柏树旁边，降低机位，使地上的杂草和刺柏树的树枝成了照片的前景，创建了画面的深度，增强了照片的立体感，并引导了观者的视线。

恰当的前景和后景的组合为这张外景照片增加了层次感，创造了丰富的视觉深度。前景像画框一样吸引观者的目光，引导其进入照片；后景则提供了环境信息，帮助观者更好地理解照片主题。前景和后景的组合运用使照片更具有故事感、情感及视觉上的吸引力。

案例 5：因地制宜创造构图的节奏感

这张照片的拍摄主题是"旅行者"，如果仅仅只是两个娃娃在平地上走显然就有些平淡。

将娃娃 A 放在台阶上，暗示了她"不走平地偏要走台阶"的俏皮人设，通过制造高矮落差，使行李箱、娃娃 A 与娃娃 B 形成了阶梯式的高度变化，画面构图不至于呆板无趣。

案例 6：准备充分的外景故事照片

不与环境互动也可以在外景拍出故事感，前提是做大量的准备工作。

以这组野餐照片为例，我准备了大量的野餐相关道具，如野餐布、水果、零食等，外景就只是单纯的背景，照片的故事感完全由娃娃和道具的互动来表现。

案例 7：巧妙利用现场物品

巧妙利用现场物品也是出外景非常需要具备的一项技能。有时候你的准备可能没有那么充分，此时开动脑筋积极利用现场物品来为照片增光添彩也是非常有必要的。

下一页的图是另一则娃娃衣服的广告图。与前边的案例相同，这组照片也是在架设好娃娃后，觉得前景可以增加一些内容来丰富画面，从而使画面具有一种"大片"的磅礴感。

现场有很多落叶没有清理，我拜托我的朋友在旁边抛掷落叶，拍摄落叶纷飞的照片，效果比较好。

2.2.2　宁子的野外探险

我并不是一个热衷于带娃娃出去玩的人，因为外拍的时候需要考虑的事情有很多，我并不能每次都能在长途旅行中控制一切。

因为我不愿意去离家特别远的地方进行外拍，所以我一般选择的外拍场景都是小区内或附近的小花园这种地方。虽然这些地方的景色并不算优美，但是我们拍娃娃不会缺少发现美的眼睛。这里分享一些我个人在有限的自然条件下进行拍摄的经验，让我们身边随处可见的景致也可以有不一样的诠释。

成片

拍摄场景

1. 控制场景，让简单的环境变得不简单

虽然我们选择的外景并不华丽（或许只是小花园里的一丛杂草），但是我们可以通过控制画面中的元素来获得华丽的效果。一般来说外景的控制有两个基本思路。

● 在镜头中、在环境中截取我们需要的部分

如果外景环境太杂乱，我们就只拍摄需要的、觉得有亮点的部分。

原片拍摄地是一个小花台，当时淡紫色的菊花开得很好看，但是整个场景非常凌乱，最大的问题是植被覆盖率不够。

找角度：我们可以试试从多个角度拍摄，尽可能找到让植被只出现花朵的角度。

换景别：可以多拍中近景或特写等小景别，截取环境中最好看的部分。

大光圈：可以在拍摄时使用较大的光圈或长焦选取一个小一点的景别并对背景进行模糊，突出娃娃本身（这个技巧我不建议在拍大景别时使用，因为虽然焦外模糊很好看，但是也失去了外拍想展示的自然植被等细节）。

● 利用布景的 3 个区域概念，将自然环境作为前景、中景或后景，并填充其他内容，打造完整布景效果

（1）把环境作为前景，凭空制造后景。

一般来说，我们默认可以拍到的环境就是空间的后景，但实际上我们转换思维就会发现：既然空间选择是我

们拍摄的一部分，那么就可以由我们自己选择实际内容。如果环境本身不够完美，那么我们就只用它们完美的那一部分。

适用范围：适用于基础比较杂乱，原有植被形态并不是很完美的环境。这样做可以遮盖多余的部分，去除环境中不必要的杂乱元素，减少视觉干扰，以确保娃娃能够在画面中脱颖而出。

在拍摄这一张照片的时候，我用反光板的吸光面（黑色）作为后景，遮住了背后原本杂乱且枯萎的植被，只剩下前景中作为点缀的几处叶子，保留了视觉重心。

我们还可以使用原本就有花纹的背景，让整个拍摄画面更有意趣。这里我使用了有油画内容的背景布，保留了前景中的自然植被，虚实结合，给人一种古典油画的感觉。

我们也可以使用其他相对大型的道具。在这张照片里我使用了木质屏风，遮挡住原本不符合整体风格的墙壁，只保留了植被花朵，突出了主体。

（2）把环境作为后景，制造前景或者中景。

这是一个很简单的逻辑，当环境不够华丽时，我们可以增加元素让它变得华丽。

适用范围：适用于原有植被比较简单，干扰物不多但也没有亮点的自然环境。这个时候我们就可以把外拍的自然环境认为是拥有自然植物元素的后景，然后填充这个空间中的其他两个区域。

使用各类装饰道具来给画面增加中景。 使用各类装饰道具来给画面增加前景。

加入烟雾丰富中景

加入道具"龙"，给中景带来互动

加入球体丰富前景

加入纸鹤丰富前景

我们要保持创造力和灵活性，这样，有限的日常植被也可以被我们玩出花来。动起手来，总会发现一些意想不到的结果。

加入装饰雨伞和面具，丰富中景画面

2. 外景必备小道具

除了相机、三脚架、外出包等必备道具，这里说说我每次外拍必带的适用于所有场景的小道具。

大号反光板——直径 110cm 的反光板，不仅可以补光、遮光、调整光的方向，黑色的吸光面还可以充当临时背景布，不用的时候展开铺在地上可以当防水布。

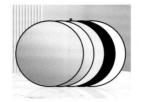

布料类道具——可以为外拍环境增添氛围感的必备好物。

矿泉水——不仅可以喝，还可以用矿泉水把地面打湿，放低机位之后形成天然的镜面效果。

以上就是我每次野外探险必备的东西了。大家可以根据自己的需求增减物品，就算不出远门我们也可以给娃娃们造一个美丽的梦！所以在家附近找一片小植被或小空地来试试吧！

2.2.3 Koharu 的野外探险

相信每次在筹备外拍前，大家内心都充满了激动与紧张。一次"边玩边拍"的 BJD 外拍是非常好的休闲方式。家附近的商场和花园或许已经拍遍了，如果我们想去远一点的、更亲近大自然的地方拍照，那么事无巨细的筹备工作与完善谨慎的拍照计划缺一不可。下面以一次真正的野外探险为例进行详细讲解。

筹备一次外拍，整个流程一般需要分 4 个步骤来思考、落实。

（1）截取场景片段，绘制预设镜头草图。

（2）先去一次外拍地点，做好实地勘察。

（3）勘察后，完善准备工作。

（4）出发。

1. 截取场景片段，绘制预设镜头草图

（1）截取场景片段。

本次想拍摄的主题是中国民间故事《白蛇传》。这是个很庞大的选题，并且故事版本繁多，古今参半。我们只截取故事中的一个部分，并对其进行切片。

这里，我选取了3个片段："白青二蛇在青城山中修行千年""修炼成人的二人沿江河顺流而下""二人骑马慢慢来到杭州城里"。这次计划去的山里有溪流，对于我们拍摄第一个场景而言是最适合不过的了。

白青二蛇在青城山中修行千年

修炼成人的二人沿江河顺流而下

二人骑马来到杭州城里

接下来我们可以开始思考预设镜头了。可以先广泛浏览这个故事各个版本的文学作品、影视作品，只要是符合我们拍照构思的片段，都可以截取下来，放在手机备忘录里，从中汲取灵感。

（2）绘制预设镜头草图。

既然这次是在大自然中取景拍摄，那么我们的镜头语言可以着重表达人景交融、融情于景的感觉，同时人物情绪的落脚点可以是姐妹情、山水情。这样一来，浮现在我们面前的画面便逐渐地丰满了起来。

可以将搜集的人物素材保存备用，供绘制草图时参考。

绘制的预设镜头草图比较粗糙，但是这个东西只需要我们自己能看懂就可以了。保存在手机相册中，拍照时看两眼，能让我们事半功倍。到了拍摄地点后，可能实际的情况和我们预计的不太一样，到时视情况随机应变即可，充满未知的旅途才是最吸引人的。

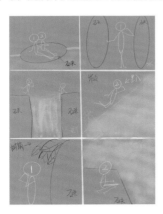

2. 先去一次外拍地点，做好实地勘察

如果是在城市中的咖啡厅、小公园拍摄，我们直接前往就可以了，但是对于有一定距离，特别是有一定危险性的野外环境，建议大家还是要先去一次，好好勘察一下实地情况。

野外的环境十分复杂，一定要结伴而行。为避免

物资准备得不充分，我们第一次去的时候要多留心，多思考，可以在心里反问自己"如果带上了 BJD，我要额外做哪些准备措施""如果我带了不少有一定重量的物资，我的体力足不足以支撑我完成整个旅途"。

除此之外，要留意我们的选址是否是自然保护区、水源保护区，以及有无"严禁进入""落石危险""山洪危险"的告示牌，是否有野生动物出没等。提前向当地村民了解近期的地质情况，并且一定要选择在已经连续几天都是晴天的天气情况下出发。如果不会游泳，一定不要去有水的区域。在出发前要做足功课。

本次外拍地点的水质很好，适合拍一些水下的画面。气温在 35℃ 左右，水不凉，溯溪涉水时不会有温度过低的问题。水中的石头非常滑，穿普通的溯溪鞋会有滑倒的风险。我们将车开到目的地半山腰，然后一路溯溪而上。走到不能再继续前进的位置大约需要 3.5 小时，下山大约需要 2 小时。如果算上给娃娃拍照需要消耗的时间，上午 8 点左右开始登山，可以保证在下午 6 点天黑前返回停车的位置。午饭需要带在身上，在折返前吃完，补充体力。每个人至少需要携带 3 瓶 550 毫升左右的矿泉水。

登山路上的一些区域无路可走，溪流两边都是崖壁，只能游泳泅渡通过，因此要准备密闭防水的装备。为防止意外，须带上游泳圈备用（不管会不会游泳，都要带上游泳圈以防万一）。

据了解，登山路尽头的水潭深 9 米，贸然游过太危险，因此不能再继续前进了。

3. 勘察后，完善准备工作

● 完善随身携带的物资装备

经过现场勘察，我们对物资的需求更加明确了。这次外拍需要的装备与平时大不相同，可以拿张纸罗列一下，逐一准备。

因为需要涉水，登山包必须 100% 防水。可以准备外层带捆绳款式的登山包，捆放湿掉的衣服、鞋子、毛巾等。

背在前面的随身斜挎包也要 100% 防水，此外还可以准备一个防水手机套，把手机挂在脖子上，方便使用。

山溪里的石头很锋利，护膝和防割手套是一定要有的。头盔也是必不可少的护具，万一滑倒可以保护头部。

第一次勘察时，我们穿的是普通的防滑溯溪鞋，发现路还是很滑很难走，同时锋利的石头容易划伤脚踝。因此，正式拍摄时换了矶钓高筒靴，更加防滑耐磨，还很舒适（如果是普通的溯溪环境，还是

溯溪鞋更轻便好穿，大家按需准备即可）。

因为要拍摄水下的照片，在选择相机防水套时我们要考虑到照片成像的效果。前端带高清光学玻璃镜片的防水套可以保证画质，我们量好要使用的镜头的直径，选择与镜头大小一致的款式，给相机装上即可。前端只是 PVC 膜的防水套会在水下拍摄时起雾，同时还会因为水压的原因，让人物的成像歪歪扭扭，完全无法使用。

手持探照灯的光束穿透力很强，同时还具有一定的防水能力（钓鱼爱好者常在暴雨天气下使用）。在水下的环境里，闪光灯、反光板等常用的打光设备难免乏力，此时让同行的伙伴在水面上打开探照灯，可以把娃娃附近的水域照亮，非常好用。除此之外，万一下山晚了，天色黑下来时也可以做紧急照明用。推荐选择可充电、大功率、黄白双色光的款式。

应急医疗包也是必备的物品。

山里有时会没有信号，对讲机可以起到紧急联络的作用。建议和同行的伙伴人手一个。

面镜和呼吸管可以准备一套，面镜很重要，可以保证我们在水下能清楚地观察娃娃，不至于"盲拍"。而有了呼吸管我们就不用一直憋气拍照了。游泳圈推荐背心款的，可以把双手解放出来，同时不易滑脱，比较安全。需要使用时可以用打气筒来给游泳圈打气，用完后把游泳圈放气折叠放在包包里就可以了，这样不占空间，方便携带。

除上述物品外，常用的外拍物品（遮阳伞、防蚊液、纳米胶、鱼线、铜丝、小梳子、BJD 支架、眼泥、假发护理液、小剪刀、美纹纸胶带、各类打光工具等）这里不再赘述，在出发前可以再清点一遍。

● 拍摄方式特殊，需要提前模拟

因为野外水下拍摄的不确定因素较多，为防止到了拍照地点后手忙脚乱，我们最好在家里先模拟一遍，把要拍的动作预设好。此外，最重要的一步是，在水中使用钢板 + 长管 + 夹头组合的 BJD 支架，把娃娃稳稳地固定好，并记录好固定的位置与角度。

给家里的浴缸放满水，用来模拟拍照环境。支架的款式如下图所示。

提前把支架卡身体的位置记录好，到了野外直接照搬即可，从而提高效率。可以多摆几个姿势作为备用，拍摄时根据实际情况选用。

小贴士

水下拍摄需要提前观察水流。最好是顺着水流的方向摆放娃娃，这样娃娃的头发和衣服就会随着水波"飘散"开来，拍出来效果较好。如果是逆着水流摆放，头发会被搅和得"糊在脸上"。摆放好后，可以用小石头把支架的底板压住，这样不仅隐形，还能增加稳定性。此外，不要把娃娃放在水流湍急或是有小旋涡的地方，容易把娃娃卷走。

拍完回到家后一定要把娃娃的所有关节拆开、擦拭、晾干，防止关节潮湿生锈。生锈以后的锈斑容易将娃娃染色。

4. 出发

到了拍照地点后，我们可以根据之前绘制的预设镜头草图快速为娃娃摆好姿势，拍摄时可以多留意用光的角度与取景的大小，同时注意自己的人身安全。

● 拍摄机位一

　　这个位置的水域一深一浅，深的那一边颜色翠绿，作为背景效果不错。我把娃娃摆在方框中的礁石上，我的机位大概在椭圆形标注的位置。让小伙伴在右侧用反光板给娃娃补光，在娃娃左侧用三脚架支撑闪光灯，轻微地补点光，这样即使娃娃低着头，也能让脸蛋的两侧均匀受光，不会"死黑"。

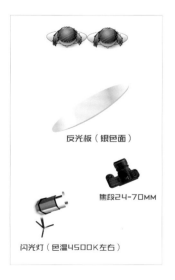

反光板（银色面）

焦段24-70MM

闪光灯（色温4500K左右）

　　我看中了这个漂亮的小瀑布，大小对于娃娃而言正合适。想拍两个娃娃站在瀑布两侧向下俯瞰的感觉，但是这个小瀑布的下面是一个有点深度的水潭，因此我只能整个身体泡在水里，在用脚踩水保持平衡的同时进行拍摄。这里我忘记给相机套上防水套了，一时的疏忽险些让相机进水，大家千万不要学我。

　　因为完全没有落脚点，小伙伴无法提供帮助。因此，这张照片没有进行额外补光，只能依靠后期处理来完善画面。

● 拍摄机位三

礁石的一侧很适合娃娃趴卧，同时这个位置的落脚点很多，便于找角度拍照。小伙伴站在我的左后方用反光板为娃娃补光。因为这里的光线很足，所以不需要再用闪光灯进行补光了。

● 拍摄机位四

这个位置位于一个较大的瀑布群下方，水流非常湍急，徘徊了一圈发现只有椭圆形标注的位置可以落脚。箭头所指的方向还有一个大的瀑布支流，因此我改变了娃娃的朝向，将瀑布作为远景进行拍摄。因为没有落脚点给小伙伴站立，所以我只好一只手持相机，另一只手持反光板为娃娃补光。

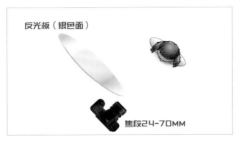

● 拍摄机位五

这个位置虽然处于水流较急的区域，但是很浅，按照设想娃娃躺下的时候刚好可以被小石头卡住，不会被水冲走。拍摄的时候正好一朵云挡住了太阳，因此小伙伴帮忙在娃娃的正面使用闪光灯补光（200W闪光灯的功率开至最低，有轻微的光线感就可以了。闪光灯太亮，效果会不自然）。

闪光灯（色温4500K左右）
焦段24-70MM

这次的野外冒险之旅非常开心，在休闲度假、游览山水的同时，还收获了美美的娃照。如果想带着自己的娃娃一起亲近大自然，那不妨鼓起勇气试试看吧！不要忘记提前做好充足的功课，确保人身财产安全。

2.3 布景常见问题

（1）实景类背景尽量不要有留白，可以用海报等填满。

（2）前景布置一些深色，可以让人们的视觉注意力集中于娃娃身上。

（3）让照片更生动的方法：细节，细节，还是细节！大量彩蛋一样的细节会使照片更生动、更真实、更有说服力。

（4）怎么买娃用道具？

思路放开，不要局限于娃娃专用的东西。

前文提到的食玩、扭蛋、偶季、美国女孩娃娃等都可以为 BJD 布景所用。

在各种电商平台中搜索"迷你""微缩""模型"等可以收到很多惊喜。

还有一些我还没有买，但是在各种电商平台搜索时感觉可以用到的，这里也简单介绍一些，希望给读者打开思路，但具体是否能用还需要自己判断。

桌面的小柜子等，如果比例合适可以给3分、4分娃娃当收纳架、衣橱等。

铁艺的花架，有长凳、椅子造型的，可以给3分娃娃使用。

"Zakka风"（源自日语的"zak-ka"，即杂货）的木质小柜可以给4分娃娃使用，营造田园或日系风格，3分娃娃用矮一些。但其可能用的胶水比较多，会有甲醛超标的危害，建议不要大量囤，买回来先暴晒通风，然后再使用。

搜索"耳机包"可以找到很多娃娃可用的双肩包、托特包等。

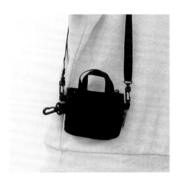 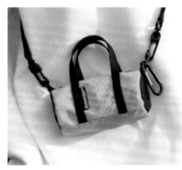 

整体来说就是要跳出BJD专用的思想局限，多尝试、多看不同的小商品，总会有收获！

第 3 章

用照片讲故事：
打开你的脑洞

玩娃娃是一件很有趣的事情，这里我想分享我和朋友一起做的时装发布会模拟场景，很多细节可以让照片更真实。

3.1.1 确定主题

确定主题需要考虑以下 3 个问题：能不能拍、怎么拍、好不好拍。

能不能拍是指要考虑手中的道具和娃娃能不能实现这个主题；怎么拍是指考虑用什么样的形式表达出主题；好不好拍是指脑海中浮现的场景构思是否容易落地，其中包括道具是不是要买很多新的、场地是不是很难找等。

以时装发布会这套图为例，最开始确定这个主题是朋友提出来想拍一套走秀的图，我也一直想拍这种多人的套图，所以两人一拍即合，开始考虑如何拍摄这套图。

首先，能不能拍。因为我当时手上娃娃比较多，数量足够，所以理论上有实现的可能。

其次，怎么拍。想了一下走秀的场景，应该人很多，并且会布置很多灯光。另外，如果只是走秀定格就太无聊了，加入一些现场观众的反应会更有趣。后续就沿着这个思路继续拓展。

最后，好不好拍。我们打算在楼道里拍摄，道具主要是 T 台和服装，总体来说不是很麻烦。

这样综合评估，觉得是可以实现的，就开始着手准备了。

3.1.2 搜集资料

在拍摄前，我们用 1 ~ 2 周的时间来搜集资料。先搜索了各种秀场的图，大概了解了秀场包含有 T 台和没有 T 台两种场地。对于我们来说，没有 T 台的场地更好实现，省去了搭建 T 台的麻烦。

接下来头脑风暴"秀场里都有什么"。

例如，模特、观众、观众席、模特的着装、观众的着装、相机、手机、宣传册等。

这个过程是逐渐丰富的，可以列一个表以防自己忘记。

3.1.3　实际落地

1. 搭建过程

观众席用的是之前买的木箱、木柜，将其摆成两排，打算用白布遮住后形成白色的秀场环境，但是因为当时手中没有白布，就让娃娃坐得密集一些，尽量挡住木箱、木柜。

我们从下午 3 点开始搭建，一直到晚上 9 点才结束拍摄。主要是搭建花了很长时间，真正拍摄的时间只有半个多小时。因此，在策划拍摄大场面娃照的时候一定要做好花费半天到一天时间的思想准备，并且越早开始越好。

布景方面，首先要考虑透视关系，营造纵深感，以及通道与娃娃的比例，我们一开始搭建的时候没有考虑这一点，直接把观众席贴着左右两边的墙摆列。

这时候我们就拿出了之前搜集的资料，看看实际中的场景是什么样的。

这样试拍出来的效果并不好：一方面观众显得不够多，另一方面也没有走秀的通道感。

在模特定格照中不难看出，两侧的观众基本只露出手和脚，人脸不是很明显，只起到陪衬的作用，所以不用考虑需要露出过多的娃脸。

于是我们选择把两侧的观众尽量往楼道中心靠，使我们在拍摄模特全身时，两边观众恰好只展现一个边缘，这实际上就是在潜意识里进行构图了。

2. 镜头选择

镜头的分类在前文已经讲过，这里不再赘述，直接说结论：同样的取景，用广角镜头拍摄时距离近，能让画面透视感更强、纵深感更强；而用长焦镜头拍摄时距离远，会压缩空间，让画面看起来更加扁平。

在拍摄这套图时，我们考虑到娃娃数量有限，为了掩盖观众少的缺陷，只有压缩空间才能模糊空间的大小，营造出"人挤人"的热闹景象，且长焦镜头不会像广角镜头一样容纳过多场景，可以起到"做减法"的作用；另外，长焦镜头也可以制造浅景深，让拍摄主体从环境中"脱离出来"，从而吸引观者的注意力，所以这里选择长焦镜头，站远一些拍摄。

APS-C 画幅 23mm
（等效约 35mm）

全画幅 85mm

全幅 135mm

我最开始选择的是 85mm 的镜头，但效果不够理想，最后选择了适马 135mm Art 这颗镜头。大家不要听到我用这颗镜头就去购买，因为它的体积和重量不小，在拍摄娃娃时构图与拍摄距离会比较极端，拍娃娃全身时人要站得比较远，对于有跌倒风险的娃娃来说不是很友好，所以还是强调按需选择镜头。

拍摄角度方面，建议大家在拍娃娃的时候一定要越低越好，尽量与娃娃齐平，这样才是娃娃的视角，否则拍出来总会有俯视感。

3. 灯具选择

到正式拍摄时已经没有自然光了，再加上秀场里一般也多为人工光线，所以我选择使用闪光灯来营造秀场的氛围感。灯具选择了神牛AD200、尼康 SB910 这两个闪光灯。

环境光使用尼康 SB910 闪光灯，照亮天花板，注意不是对着娃娃或镜头，是对着正上方，将功率调到最大。这样通过漫反射原理，整个天花板就形成了一个柔性的大平面光源。从下面的对比图就可以看出，原本有限空间的墙面的阴影都被冲淡了，空间感变得模糊，营造出了干净且高级的氛围，使"秀场"这一概念更加可信。

主光使用的是神牛 AD200 闪光灯，直打，这样形成的硬光更贴近秀场中闪光灯的光，且在四周白墙反射的环境光的衬托下，主光并不会过硬，从而显得画面锐利。

4. 拍摄细节

● 三个原则

分离前后景。前景、后景都要有东西，只有把前景、后景与主体划分开，才能让画面更像是真实世界。

考虑时间维度。在我们按下快门的一瞬间，所有物体运动的刹那都被记录下来，所以在娃娃的世界里，我们要考虑动态的故事感，考虑"如果他 / 她动起来，前一秒从哪里来，后一秒又走到哪里去"，即过去、现在、未来三个时间节点所发生的事。

生活的合理性。这个原则要结合第二个原则考虑，我们在拍照时要时刻思考：如果是我，我会怎么做？我会有什么反应，什么动作？然后把人类真实的动作和反应套到娃娃身上去设置各个娃娃的动作，特别是与环境和其他娃娃的互动。

● 细节设置

娃娃动作的设置要以真人秀场中模特和观众的动作为参考。观众方面，需要注意的是虽然在画面中观众露出的部分非常少，但这是提升本次照片真实度的灵魂。在真人走秀的现场照片中，我们可以看到两侧的观众都在用手机拍摄模特，这是让照片更加可信的重点。

这张照片拍摄了模特的背影，虽然两侧的观众不是重点，但两侧观众的动作可以作为前、后景，形成视觉引导，把观者的注意力引向中心模特处；远处的闪光灯在实际秀场中也存在，所以不用修掉，在保留真实感的同时还可以体现纵深感；大光圈长焦把前景两侧的观众模糊掉了，可以迷惑观者，让人看不出观众的数量有多少，一方面可以给人人山人海的感觉，另一方面可以使画面更加干净，让观者的注意力集中于模特。

模特的头发用的是普通的蘑菇头，下拉发网挡住眼睛，就可以像超模的定制发型一样有时尚感。

这一张照片同样是用观众的手机把观者的视线引向模特，此外后景也有两个模糊的出场模特，因为秀场中模特是一个接一个登场的，还原这个细节也可以提升画面的真实感。另外，当模特已经走过了定点位时，观众们的注意力会转向下一个模特，而不是看这一个模特的背影，所以把握好观众们观看的方向也是提升真实感的一个细节。

在拍摄这张照片时，我们把娃娃的头抬起来，使其看向镜头，因为我们想拍一个"艺人在看秀，艺人宣传让他抬头看镜头拍秀场照"的瞬间。这种小故事一般的设定引入了时间维度，手上的杂志模型表现了"看镜头前在发生什么"，前景的模特则提醒了环境，揭示了这一瞬间是发生在秀场中的。

半眠头的娃娃怎么在秀场合理化呢？答案是做一些低头、垂眼的动作；右下角的购物袋也可以增加真实感。

这里，娃娃手里的杂志同样引入了时间维度，与另一个娃娃的对视则制造出一种交流感。

这里，远处的两个娃娃其实都没有头，但是我们把娃娃的身体放在了后景的画面边缘，这样背景就不是一片纯白的，给观者一种充实的感觉。前景是越过了对侧的观众来拍摄的，使画面更有层次感。这两点都是通过调动观者的想象，暗示这是一个座无虚席的秀场。

每个观众都有自己手头干的事，而不是呆坐着，如用手机拍摄、翻看时装产品目录、与周围的人交谈，可能还会有时尚记者在用笔记本写通稿，或者摄影师在用相机拍照，甚至拍完照在看相机小窗等。将这些各种各样的可能组合起来，就能打造出一个鲜活的场景。

5. 后期调色

我一般的调色风格是比较重的，但是考虑到是走秀，拍摄服装要尽量还原其本色和材质，不适合进行过于风格化的颜色调整，且要保留高级感，所以这次我的调色方向是明快、高调并突出衣服质感，使整个画面更柔和。下图是这次的调整参数，数字仅供参考，不建议生搬硬套。主要的思路是把高光、白色调低，阴影调高，这样使整个画面趋于平静；再将黑色调低，使画面不至于平淡。

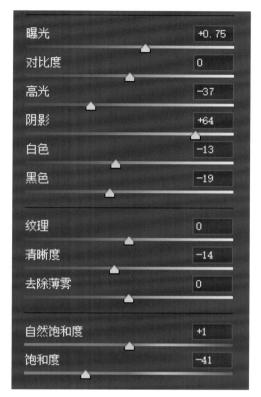

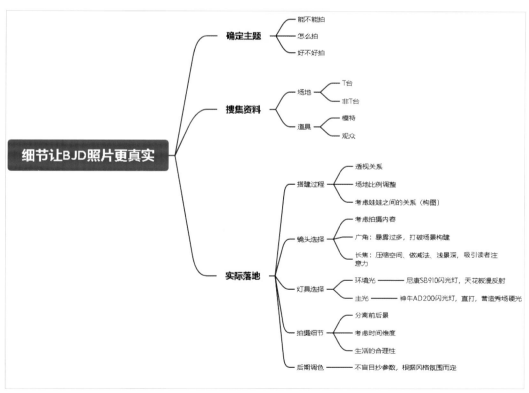

主题拍摄少不了顺畅的流程梳理。

每一个玩娃娃的人都会给娃娃尝试不同的脑洞，或者让娃娃经历不同的故事，而定格拍下这个主题脑洞的过程就是一次完整的造梦。造梦本身就可以给人带来非常多的快乐。

脑洞拍摄的流程步骤具体如下。

（1）确定主题，搜集主题元素资料。

（2）提取主题氛围关键词，根据关键词进行造型、布景方向的安排。

（3）搭配服饰，根据主题确定造型、定妆。

（4）确定拍摄场地，进行拍摄主题布景。

（5）落地拍摄。

（6）后期处理。

接下来我会通过实践案例来讲述拍摄从构思到落地的过程。

3.2.1 脑洞概念确定

搜集相关资料。在确定了这次的拍摄主题——雪域高原民族风情之后，我首先回忆了一下自己的旅行经历，并且在网络上搜集了一些雪域高原民族的传统服饰、传统建筑及与传统文化相关的图片和视频资料。

从资料中提取主题氛围关键词。虽然我没有办法完美地还原和实地一模一样的景象，但是可以通过提取资料中的关键词来创造具有雪域高原氛围的场景。

配色方案，根据资料中出现过的颜色，结合高原文化本身的色彩偏向，我决定拍摄的主色调为红色和黄色。

红黄配色参考

提取关键红黄色

服装搭配。我提取了内搭 + 袍子 + 腰带这样的关键词，在我手头现有的服装中选择了符合我颜色需求的部件，搭配出需要的风格。

服装搭配部件

服装搭配初预览

风格饰品。我注意到雪域高原民族的头饰和腰带装饰都很有特色，他们喜爱使用金银、绿松石、珊瑚等作为装饰品，于是在没有成品的情况下我决定自己制作。

头饰

耳环

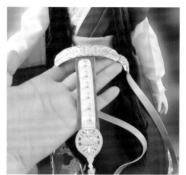

腰带饰品

布景道具。我直接在电商平台上搜索了相关关键词，购买了高原民族风的帷幔和室内装饰作为布景道具。因为主色调是红色和黄色，所以我用在木质画板上贴墙纸的方法获得了黄色的背景板。

高原民族风室内装饰

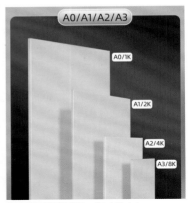

作为背景板的画板，尺寸是 A1
（60cm×90cm）

　　在搜集资料和购买基础道具之后，接下来我们就要做上手的工作了。

3.2.2　脑洞造型氛围落地

1. 搭配服饰，根据主题确定造型、定妆

　　除了服装，我还制作了这次拍摄需要使用的饰品，包括头饰、胸针、项链、腰带、耳环。因为是拍摄用道具，所以精美程度稍有欠缺，但是我们别忘了——一切皆为画面美学服务。氛围到了就没问题。

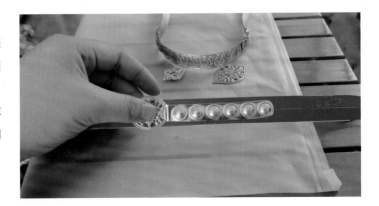

腰带制作中

造型、定妆预览

2. 确定拍摄场地，进行拍摄主题布景

确定拍摄场地，因为我所在的地方并没有高原真正的湛蓝的天空，所以我把目光集中含有在高原元素的场景布置而非外景。

在确定了拍摄主题之后，我首先找到了一个能够进行拍摄的场地。确保该区域在有充足采光的前提下，有足够的空间来摆放道具和背景元素。拍摄的地方正好有一些复古木质地板及木质门框，可以满足我的拍摄需求。

根据三区域的布景逻辑，我在拍摄区域内放置了背景板，以及我购买的民族风室内装饰。

布景环境

实地布景

3.2.3 实际拍摄幕后

在布景的时候，我意识到空间有限，并不能拍大场景，所以我选择了多拍中景、近景和特写，强调娃娃本身。

中景

近景

特写

因为不需要拍大场景，所以我选择了 35mm 的定焦镜头作为主要拍摄的镜头。我的相机是佳能 APS-C 画幅相机，再加上 35mm 镜头很适合拍一些中景或近景。

相机：佳能 70D 镜头：35mm F2

在拍摄中除自然光以外，我还使用了两盏 LED 灯补光。在拍摄中景的时候，我尝试了一种不太常见的打光效果，把一盏环形 LED 灯置于娃娃的下方，一盏稍微弱的 LED 灯置于正前方，使娃娃整体有一种圣洁美丽的感觉。

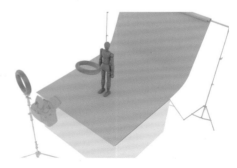

我利用场景中本身就有的木柱作为前景，与娃娃进行互动；而后景是模糊的背景板装饰，营造出一种真实的纵深感。

成片的真实质感

合理利用拍摄现场的环境，与木柱进行互动

在拍摄的过程中，我发现带有复古纹样的门框，以及门内的室内空间也可以利用起来。

于是，我将背景板及道具搬到了室内，用背景板遮住了不符合主题的杂乱部分，借用门框作为核心景，创造出了类似于真正高原室内的带有民族风情的效果。

拍摄现场

成片

3.2.4　后期处理强调主体

下面是一张照片从原图经过细节调整、调色、二次构图，到最后成片的过程。

每张成片的背后都需要后期进行一些细节的修改与把控，如修碎发、将干扰视线的歪曲线条拉直。为了避免弱化焦点，我们可以进行二次构图，让一个近景直接变成特写，创造出更有张力的画面。

3.3 多人互动拍摄：穿越回奥斯汀笔下的19世纪

我很喜欢看摄政浪漫类型的小说和影视剧，正好电影版《爱玛》上映，我就想拍一套以摄政浪漫为主题并且有一定故事感的照片。

在确定了想拍的主题之后，我先收集了很多影视剧和油画资料。因为是有既定风格的拍摄，所以不仅需要注意服装、造型，还需要注意布景，要有古典风格。

在这个过程中，我明确地知道我的目的并不是"还原"那个时代真正的风貌（短时间内我也没有能力做到），而是合理提取关键词，让拍摄的画面不突兀，拥有足够摄政浪漫的氛围感即可。

摄政浪漫的关键词：浪漫故事、高腰裙、盘发、古典风格的建筑。

3.3.1 拍摄前期准备

1. 服装方面

    《爱玛》的故事发生在 19 世纪初的英国，这段时期是英
国的"摄政时代"。历史上这段时期的美学风格被称为新古
典主义风格，而 1804 年拿破仑加冕之后的新古典主义风格
的服饰也被称为"帝政风"服饰。我们口中的"帝政裙"一
般就是指这种风格的小裙子，主要由贴身的流线型的高腰和
钟形裙摆（或类似于喇叭裙的裙摆）组成，这种设计给人一
种古典优雅的感觉。

2. 发型方面

    这段时期的发型大多是带着特殊发髻的盘发，有时候会在前额两侧留着小卷发。在假发选择方面，我没有办
法完全还原那个时代的风格，于是我提取了关键词：盘发，选择了合适的带有发髻的盘发。如果找不到合适的盘
发，也可用卷曲的短发替代。

3. 布景方面

    最难的部分就是给这个故事布置拍摄的场景了。我希望场景既能
够包含有欧式古典风格装饰花纹的背景，又可以在空间上有层次感，
从而可以把几个娃娃的互动合理地放置进去。我想到了一个地方——
走廊。

我家就有合适的走廊，并且我也在这里给娃娃拍过单人的古典风格的照片，所以一开始我就把布景的地方定在了这里。

　　但是，开拍之后就遇到了问题，人用的走廊对于娃娃来说太宽了，把娃娃放置其中后，这个走廊对于娃娃来说更像一个廊厅，失去了本身作为走廊的层次感。于是，我想到了一个办法，将带有装饰的背景板和 A1 尺寸的画板连在一起，用椅子作为支撑，人工搭建了一个类似于走廊的部分，这个比例更适合娃娃。

搭建的走廊

搭建走廊的宽度和实际宽度的对比

3.3.2 实际拍摄幕后

在实际的拍摄中我选择了三个娃娃，分别是长相相同的 A 和 B，另一个是与她们长相不同的 C。我想讲一个关于双子星和她们共同的朋友的故事。

1. 娃娃之间自然的互动感——被打乱的眼神

在拍摄的时候娃娃不用看镜头，甚至都不用看彼此，而是通过眼神引导，让观者推测她们的关系。

前景是几点朦胧光斑（模拟烛光）。

中景是两位正在互动的女孩，其中娃娃 A 几乎没有露脸，但是我

们可以根据目光的方向推测她正看着眼前的矮个子的娃娃 C。而矮个子的娃娃 C 是画面中的焦点，她是唯一清晰露出侧脸的，眼神正在与后景中的人物进行交流。

后景中的人物是站在"窗边"的娃娃 B。她的脸因为焦外虚化而模糊不清。

图中的每个人物都没有看对方，但是给了我们足够的想象空间。

2. 让观者的视线被场景引导——要有光

因为是拍摄带有一定故事感的照片，所以我想要娃娃之间的互动能够被引导。我让互动发生在有光亮的地方，让这个光自然地引导观者的视线。

前景是作为走廊一侧的背景板组合。

中景是正在互动的娃娃 A 和 C，光线把观者的视线引导至正在互动的两个娃娃身上。

后景是背景板与纱，其中的纱主要是为了遮挡背景板的穿帮处，还能营造出帷幔和窗帘的感觉。

3. 故事感的形式——换场景与换景别

在前文，我详细地讲述了如何在组图中用形式创造故事感，这里应用一下。为了有电影截图的感觉，我选择了布置的另一个内景拍摄了近景、特写，选择了一个开阔外景拍摄了中景。

这个内景相对简单。因为我决定拍摄近景、特写，所以对场景的要求相对简单，直接选择在窗台进行简单的拍摄。

而外景我选择了花园内一个非常矮的花台，它们在娃娃旁边像一面矮墙。将这面矮墙的延伸作为前景，两个娃娃视线朝向照片之外没有阻挡物的地方，给人一种正在看着镜头之外的某个人的感觉。

在分享了我的单人拍摄和多人拍摄的案例之后，相信大家对于"一切皆为画面美学服务"有了更直观的体会。

娃娃相对于人来说是等比缩小的，所以我们很容易就能在一个不大的区域内打造一个符合主题条件的场景。我们只需要在每次确定主题之后，准确提炼主题氛围关键词，并把关键词在造型、道具、布景方面呈现出来，就可以得到想要的场景。

拍娃娃就是一场造梦的过程，大家一定要打开脑洞，抓取主题氛围关键词，从而开启一场造梦之旅！

每个热爱 BJD 摄影的玩家，肯定也是热爱表达自我审美主张、享受脑中世界逐渐落地过程的实干家。当我们灵光一闪，并迫切希望脑洞马上呈现在娃娃身上的时候，难免会因为冗杂的素材、碎片化的信息感到心烦意乱。那么如何有计划地一步步推进呢？我们可以从以下 3 个步骤着手，逐一剖析，有条不紊地完成。

（1）主题场景的选择与实际落地方案。

（2）主题服装的选择与人物形象的塑造。

（3）预设人物镜头，绘制拍摄草图。

3.4.1　主题场景的选择与实际落地方案

1. 多角度参考，提取信息

本次想拍摄的是几位翩翩起舞的芭蕾舞者，表现这个主题的常见场景大致分为两种，一是剧院舞台的场景，二是芭蕾练舞室的场景。这里我选择芭蕾练舞室的场景。

剧院舞台的场景

芭蕾练舞室的场景

选定场景后，我们可以多浏览这方面的信息，并将我们感兴趣的内容保存下来，尝试从中提取细节。

将各种碎片化的信息进行归纳，提取出"教室""把杆""舞蹈镜""木地板""向阳的窗户""温暖的光线""淡雅的色彩""一起练习的小伙伴"等细节，之后我们就可以开始着手搭建场景了。

2. 逐步搭建场景

首先，是光线与环境的大方向选择，这是搭建场景的基础。芭蕾练舞室的光线一般是柔和的、饱满的，我选择了家中多功能厅的角落，这个角落位于落地窗的夹角，午后的光线效果与芭蕾练舞室的光线效果比较类似。

多功能厅原来的窗帘带有花纹图案，而且非常透明，拍照时容易透过窗帘拍到窗外的建筑物。同时，落地窗的玻璃带有防窥镀膜，照进室内的自然光线会被过滤得色调偏冷。因此，我将窗帘换成了透光不透景的款式，颜色选择了米黄色，这样照进室内的光线就会变成暖色调，方便我们后期整体色调的统一。

原来的窗帘不适合本次主题的拍摄

更换后的窗帘颜色、质感都更适合拍摄，而且不易透出窗外的景色，不会让成片的背景过于杂乱

其次，是地面的选择。芭蕾练舞室的地面一般是防滑胶地面或木地板，这里我选择了木地板。搭建场景的多功能厅虽然原本就已铺了木纹地板，但是纹理比较粗，拍照效果一般。因此，我另铺了一层PVC木纹板。

芭蕾练舞室一般都会有一面墙是舞蹈镜，这里我准备了一面100cm×120cm的大镜子，立在场景的一侧，这个大小对于3分和4分的娃娃而言足够了。另外，使用镜子还能很轻松地拓展画面的空间感，让画面更生动。

小贴士

根据我个人的拍摄经验，若场景需要一面能照出娃娃全身的镜子，同时还需画面具有一定的空间感，那么镜子的高度最好是娃娃身高的1.5倍。例如，3分娃娃按照身高约60cm计算，镜子可选择90cm高。若是身高约38cm的4分娃娃，则60cm高的镜子就足够了。

最后，我们开始准备拍照的道具。把杆是舞蹈室必不可少的教学工具，我们可以在电商平台上搜索形状类似于把杆杆脚的五金件，配合娃娃的身高制作一些迷你小把杆。经测量，4分娃娃整腿长大约为20cm，3分娃娃整腿长为35～39cm，杆脚购买相近长度的就可以了。杆棍准备扁圆棍，然后将两者粘好即可。

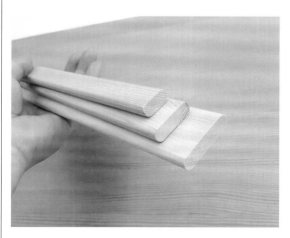

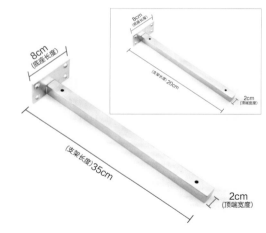

杆脚只是形状类似的五金件，我们拍照能用即可

杆脚买回来是不锈钢原色的，为了成片效果，我用喷漆罐喷成了白色，然后用热熔胶把杆棍粘好

3.4.2　主题服装的选择与人物形象的塑造

本次主题拍摄的芭蕾舞裙是我自己制作的。芭蕾舞裙的形态大致有 3 类，分别是"TUTU 裙""长纱裙""一片式裙"，这里不做过多介绍。

女性芭蕾舞者服装的差异主要体现在裙子的类别上。相较有固定模式的半裙，上半身的设计则比较主观，自由发挥即可。

根据不同形态的芭蕾舞裙的特征制作娃娃的衣服，多多参考总能有不同的收获。

发型方面，自然优雅的盘发就很适合，短发芭蕾舞者的头发长度一般到下巴的位置。

4分娃娃的发型可以为带有可爱元素的编发、卷发，只要整体画面和谐即可。

3.4.3　预设人物镜头，绘制拍摄草图

场景和人物都已经准备好了，我们可以开始拍摄了。在开始拍摄前，我们先要进行构思，一边观察搭建好的场景，一边琢磨保存的参考图片。

芭蕾练舞室中，多人的动作可以总结出以下几个特点：一是舞者们看似独立，但是彼此之间的情绪是富有流动感的；二是舞蹈姿势随意且优雅，不刻意、不拘束，舞者的肢体具有延伸感；三是在对焦主体舞者时，其他的舞者可以在焦外继续自己的练习。动作的配合与构图的协调性是这次拍照需要特别关注的方面。

俗话说得好，"好记性不如烂笔头"，拍照的时候很容易忘记事先想好的构图和动作，我们可以把脑海中构思的人物动作以草图的形式记录下来。提前绘制好草图能让我们的拍摄效率大幅提高，一口气把想拍的画面顺利拍完。

3 分娃娃的成片效果展示如下图所示。

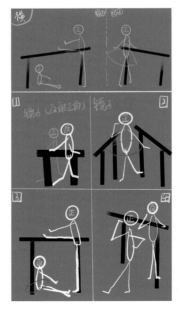

4 分娃娃的成片效果展示如下图所示。

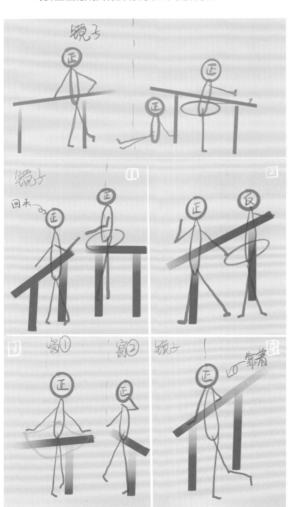

　　大家可以猜猜看哪几张照片是与草图相互对应的。草图不用画得很好看、很精致，只要我们自己能看得懂就可以了。不妨在每次拍照前都尝试进行头脑风暴，久而久之，可以大幅提高我们的镜头感。慢慢地，我们就可以练成"一眼看过去就知道这个场景能不能出片、出多少片"的"火眼金睛"。

　　本次拍摄的布灯方式如下。

　　因为本次拍摄的场景设置在落地窗边，有充足的自然光，所以未使用闪光灯或常亮灯等大型光源，主要依靠两个直径 80cm 的反光板来为娃娃的正侧面补光。因为反射的自然光不可控，有时为冷色调、有时为暖色调（中午反射的自然光偏冷色调，下午 4 点后反射的自然光就会逐渐变黄偏暖色调），且忽明忽暗，所以我还使用了两个可以调节色温的 LED 灯棒来进行补充。这样保证我们从中午一直拍到傍晚，照片的明度和色调都是基本一致的，大大方便了后期处理。

第4章

让娃娃像真人的秘诀：
摆姿

摆姿在 BJD 摄影中非常重要，不同的姿势可以传达出不同的情感、个性和故事，一个自然而不僵硬的姿势是娃娃像真人的重要原因之一。

我的提问箱经常会收到这样的投稿："为什么有些人把娃娃随便往床上一扔，就能拍出动作和谐又自然的大片，而我怎么拍都觉得造型很别扭？"

用一句话来总结，这个问题的根源就是"不够熟练"。我们所看到的"一扔就随便出的大片"，背后都经历了精密的构思，绝不是表面上的随随便便出图。以我的个人经验来说，即使只发一张照片，也可能是从七八张甚至十几张差不多的照片中选出来的。

动作想要自然，先要符合人体结构。但是娃娃的身体由皮筋串联，太松或太紧都会导致摆姿时有微妙的回弹误差。如果不克服这个误差就会导致动作僵硬。

克服这种动作僵硬一般有两种方式。

多摆多拍。多摆即多把玩拍摄用的娃娃的身体，多用它摆姿势，熟悉娃娃的身体，知道它的姿势极限是什么，可以自己摆着玩，也可以对着各种参考照片、画作来练习，弄清楚手上的身体摆出哪些动作是最自然的；多拍，解决的是视角差异问题，由于人的拍照姿势、角度等多种因素的影响，我们看到的和拍出来的往往会有所不同，需要我们多从相机里取景、看娃，弄清楚娃娃的最佳拍摄角度在哪里。

换可动好、身形好的身体。可动方面，不同公司生产的娃娃的关节各有不同，我个人比较喜欢 Fairyland、荒木和 Switch 的部分身体，这些身体的关节做过很多优化与设计，卡槽、分割等比较考究，这样摆姿势时就很容易卡在自然的而非诡异的位置上。当然，穿铝线、点胶、加垫片等措施也可以提升可动性。身形方面，由于人形师的审美和水平不同，做出来的身体也会有很大差异，有线条的身体比直愣愣像树杈一样的身体要好看很多。

1. 支架

不管是否有拉筋、穿铝线，我都建议在拍摄娃娃时安装辅助支架以保证安全性。支架通常分为卡裆款、卡头款和卡腰款。

现在的支架样式和功能越来越多，我个人比较推荐以波波子支架为代表的卡裆支架。波波子支架的底板有 1/4 螺丝转接口，可以固定在灯架或三脚架上，这样就可以做到将娃娃悬空拍摄。同时，转接口也可以插地钉。将地钉固定在土壤中，就算是斜坡，娃娃也可以稳稳站立。

2. 鱼线

吊鱼线可以使娃娃以特定的姿势悬空，类似于人类的吊威亚。由于鱼线比较勒手，我建议大家使用一根棍子或木杆来绑住鱼线，再悬吊娃娃，可以拜托助手帮忙，或者自己携带一副背景支架，将娃娃吊在背景支架上。

吊鱼线需要注意一个细节，即如果要拍摄娃娃正面，鱼线最好从背面穿过娃娃的肩下而非从正面勒胸，这样可以隐藏鱼线，防止在正面暴露勒痕，增加后期工作。

3. 铝线

穿铝线的作用是增强娃娃的支撑性和可动性。

铝线可以放置在娃娃关节内部，增强娃娃的可动性，让人们更容易调整娃娃的姿势，同时，还可以帮助娃娃维持特定的姿势，防止关节松弛或意外变形。这有助于确保娃娃在各种动作和姿势中保持稳定，并且可以完成一些较复杂的动态造型。

4．热熔胶和垫片

热熔胶和垫片能增大娃娃关节的摩擦力，在提升可动性的同时也可以保护关节不受磨损。

在某些情况下，娃娃的关节处可能会变得松弛，导致其难以维持需要的姿势。在娃娃的关节处加入适当的热熔胶或垫片，可以改变关节之间的间隙、角度和摩擦力，提供支撑，增加稳定性，使娃娃可以长时间保持精准动作和自然姿势。

使用热熔胶时需要格外谨慎，使用不当可能会给娃娃造成损害。最好在使用之前仔细了解相关技巧和指南，以确保正确地使用热熔胶，避免不必要的风险。

5．转珠双头万向夹和铁丝

使用转珠双头万向夹和铁丝在娃娃外部做额外的支撑，可以挑起发丝、裙摆等，营造起风、飞扬的感觉，增强动态视觉效果，后期需要进行消除处理。

POP 台式 T 型海报夹也可以用于固定衣摆、发丝，或者悬挂小道具等。

现代风摆姿追求优雅、自信。姿势从经典的站姿、走动到坐姿、躺卧、跳跃，甚至更加时尚潮流的杂志模特姿势，每一种姿势都能展示出大型娃娃的多样魅力。

通过曲线与姿态的流畅变化，摆姿能展现出柔和与力量，吸引观者视线。无论是传递自信、柔美、力量还是叙述情感，恰到好处的摆姿都能给人视觉上的强烈冲击。

4.3.1　从硬照姿势看大女摆姿的基本原理

本小节的所有图片在"修灯的 cubewishper"微博有高清大图展示，如果看不清楚图上文字请移步微博主页搜索"姐系 BJD 硬照用 POSE 细节研究"关键词查阅。

1. **脊椎**

脊椎摆姿的核心是制造曲线。

脊椎分为颈椎、胸椎、腰椎三部分。

颈椎对应娃娃的颈部。颈部应当是拉伸的状态，从而使身形显得修长。回头、歪头都是拉伸的一种，有助于引导观者视线，但如果回头角度过大而不转胸椎的话就会显得死板僵硬。因为大多数娃娃的脖子是不能动的，所以如果过度扭头，头就会像断了一样。

胸椎对应胸关节。胸关节是摆姿的关键所在，一般来说只要是摆姿，胸关节都会多多少少地扭出角度。无论是挺胸、含胸，还是左旋、右旋，只有扭得足够明显、扭出曲线感，才会显得自然。

腰椎对应腰关节。腰关节可以展示身形曲线，因此要始终具有弧度。有腰关节的身体可以通过顶出腰关节来加强身形的曲线，没有腰关节的身体则可以通过半坐＋挺胸后仰来实现。

错误案例：娃娃的腰部被头发遮挡，显得整个身体都牢牢贴在了墙上，非常死板僵硬。正确的做法是把胯部顶出去，让腰部（或臀部）不接触墙壁，只有背部接触，这样就可以显出身形曲线

无论是正面还是侧面，我们都应该始终保持娃娃头—胸—腰—胯（臀）的 S 曲线，以展现大女的时尚美。

2. 肩臀

肩臀摆姿的核心是打破平行线。

如果在肩部和臀部各画一条线，我们不难看出它们是两条时而相交、时而平行的线。我们需要做的就是通过扭转胸关节、腰关节，来打破肩臀两条线之间立体空间内前后、左右、上下的平行，构成一种不平衡感，从而增强画面的表现力。

另外，肩部尽量不要冲着镜头，通过调整胸关节来让肩部下压、外展，这样可以显得更加挺拔。

3. 制造角度（三角形）

关节拗成弯曲的角度，可以制造出稳定的三角形，为照片增加几何形状，改善视觉效果。一般来说胳膊要尽量避免伸直、延展，因为完全笔直的胳膊会显得僵直、不自然。就算是我们现实中的人类，在自然站立时手肘也是略微弯曲的，所以对于娃娃来说，胳膊弯曲是消除其"人偶感"的方法之一。

笔直的胳膊造成的僵直感

根据我的个人感受来说，胳膊摆成钝角时通常给人放松、舒展的感觉，而摆成 15°～45°的锐角则可以展现干练、灵动的精神状态

双腿也可以制造角度。一条腿可以向侧面迈出，使两条腿形成稳定的三角形；在正面角度，可以顶胯，非顶胯腿内扣弯曲，使膝盖与双脚形成三角形。这两种方法都可以引导观者的视线向上，直到注意力到达娃娃的面部

4. 打破对称

打破摆姿的对称可以赋予照片更多的情感，使照片更加生动。对称的摆姿可能显得过于刻板和平淡，而引入一些非对称的元素可以让照片更加生动有趣，同时也能吸引观者的注意力。

这张图就是一个简单的打破对称的案例。如果只是普通地背对镜头，则索然无味，但转过头＋一只手扶墙，脚一前一后地站立，打破了原本死板的对称，使娃娃变得温柔且富有"人味"

5. 姿势对比

大多数娃娃都是大臂较短且头稍有一些大，并不适合摸头的动作，所以我更建议将手臂的角度改为锐

角，大臂向上、小臂向下，将摸头改为摸脖子附近的头发，这样会显得更加舒展。

正面罚站式站姿显得太过对称、呆板，可以挺出胸关节，一条腿自然伸出，这样使两条腿形成稳定的三角形，胸与腿形成 S 曲线。另外，把一侧屁股向斜后顶出，使腰臀形成 S 曲线。此时会发现身子整体朝向同一方向，两处 S 曲线并不很明显，可以选择把上身回转，这样下身向右、上身向左，两处 S 曲线都得到了展现。

手在摸头时，最好可以露出来，这样可以显得手部线条更加修长；右手手腕、左手手肘两处特意使用90°直角，形成相对稳定的结构。

挺胸、翘臀、腿部错开制造 S 曲线，左手手肘处也露出了腰部线条。

下压的肩膀与回转的上身打破了肩与臀的平行，与直角的稳定结构形成冲突，增强了画面的生动性，提升了视觉表现力。

手肘部分尽量不要面向镜头，这样一方面会显得过分突出（和脸一样大小），另一方面也显得没有立体感。下图右边为修改过的手臂动作，手臂向外侧展开，显得更加舒展。

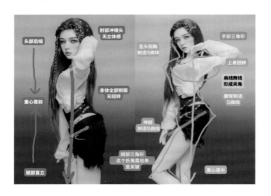

过度回转头部，且整个身子站得笔直，会像下图左边一样看起很僵硬。拍摄侧面照片时，可以利用头、肩、胳膊制造夹角，如下图右边所示，当一只手在臀部附近时，尽量不要让手被臀部挡住，要交代手的终点。

当坐胯不好实现时，可以尝试先让娃娃整个坐下，再挺胸，这样臀部的线条就更明显了。

正面＋叉腰＋挡脸，显得很拘谨且没有线条美，两条腿平行站立显得不知所措。不妨尝试双腿交叉，通过手臂的夹角和手部贴脸来呈现温柔感。

如果是塑造文静的形象，那么只要后期将下图左边的头部稍微调小并加宽肩部就是一个很好的姿势了。相对的，如果想要表现舒展、张扬的感觉，下图右边显然更加合适。

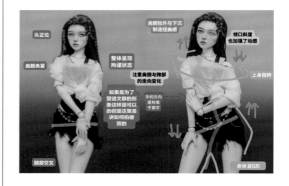

下面 3 张图中左边的图基本上是非常常见的几种僵硬动作，大体问题已经标在图上。右边的是经过调整后的图，能够看出娃娃的个性都鲜明起来了。

4.3.2　一些通用摆姿关键词

　　本节总结了一些通用的摆姿关键词，可能采用的图片画质有些粗糙，有一些男性娃娃的动作，还有可能出现重复，但这部分的重点是为了阐述摆姿，读者只要关注图片里的摆姿即可。

1．整体类

　　高级感站姿：双腿交叉或打开，身体稍微侧倾，展现出优雅的曲线。双手可以随意摆放，但通常是自然地放在身体附近。

　　高级感站姿的延伸动作→顶胯：将一侧大腿努力顶向外侧，然后将胸关节回正即可，给人一种时尚的感觉。

倚靠：倚靠在墙壁、柱子或其他支撑物上，给人一种随性又自信的感觉。

肩膀倾斜：将一边的肩膀稍微前倾或后倾，姿态舒展，同时突出肩线。

行走与奔跑：模仿人行走或奔跑的动作，表现出动感和生动的场景。

后仰：后仰身体（挺胸），弯曲腰部，凸显身体的优美曲线。

后仰的延伸动作→趴下：趴下后可以后仰身体，给人一种舒适与活力并存的俏皮感。

蹲坐：营造放松的氛围，在摆这一姿势时，建议膝盖的高度高于胸的高度，这样的画面效果比较好。

弯腰：弯腰向其他方向时给人一种探寻感，弯腰向镜头时则有强烈的镜头互动感。

2. 布景互动类

坐姿：坐在椅子上，或者侧倚在椅背上，展现时尚、优雅的形象。

卧姿：躺在柔软的床上、沙发上或地毯上，展现安静柔和的形象。

趴姿：趴在桌子、椅子或其他平面上打盹或发呆，给人一种闲适的感觉。

侧卧：侧躺在床上或沙发上，展现出身体的柔美曲线。

倒影：在镜子前拍摄，利用镜面反射创造出有趣的画面。

3. 道具互动类

手持道具：手持一些配饰、手袋或其他物品，使画面更丰富。

道具互动：与道具（如帽子、花束、眼镜等）进行互动，增强照片的趣味性。

4. 动态类

凝固瞬间：凝固在一瞬间的身体动作，有时也可以借助凝固的道具来展现事件的凝固，故事感十足。

凝固瞬间的延伸动作→滞空：除了物体的凝固，起跳等动作的滞空凝固可以给人轻盈、夸张的感觉，极大地增强动态视觉效果。

触摸：手部动作，一类是摸脸，即手放在脸颊上，给人温柔的感觉；另一类是摸其他部位，如摸耳环、头发，整理衣服等，体现随意的松弛感。

手托下巴：用手托着下巴，展现自信和优雅。

双手交叉：交叉双手或双臂，
表现出一种自信、坚定的态度或圣
洁感。

插兜：赋予娃娃随意、自然的
感觉，突出日常生活中的放松状态。

拥抱自己：轻轻拥抱自己，给人一种自爱和宁静的感觉。

舞蹈动作：模仿舞蹈动作，增添活力和动感。

踢腿：将一条腿踢出，增添活力。

5. 头部类

头发飘扬：让头发随风飘扬，让人感觉更自然。

披肩发：将一侧的发丝披在肩膀上，给人一种轻盈感和柔软感。

表情变化：尝试不同的面部表情（第 6 章有讲解教程），从面无表情到露齿微笑，展现多样性。

眼神转向：把眼神转向一侧不看镜头，给人一种思考或随意的感觉。

凝视镜头：直接注视镜头，与观者建立眼神联系，表现自信，具有吸引力。

回眸：强调肩（背）部和颈部的优雅线条，引导观者的目光向娃娃的脸部集中，建立强烈的情感连接，有时还可以暗示一种情感、思考或回忆，增强故事感。

下巴微扬：脸侧着向上抬，这样能使面部线条更加清晰，突出轮廓，增强娃娃的气场，给人一种自信、坚定的感觉。

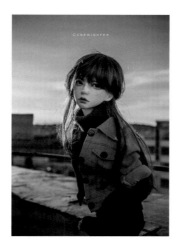

侧脸轮廓：将侧脸展现在镜头前，凸显出面部的轮廓美。

6. 视角类

俯角拍仰视：由于角度原因可以显得娃娃较小或较弱，强调拍摄人处于主导地位，暗示娃娃内心柔软或脆弱的一面，这种细微的情感更加动人。

仰角镜头：给人一种强烈的视觉冲击感，让娃娃显得高大、自信，传达积极的感觉。在这一视角下，通常不建议娃娃直视镜头，因为这样可能会显得目光过于锐利。

7. 多人互动类

拍摄多人互动的画面最重要的是表现自然感和真实感。

如果是亲密关系，那么两人之间应该是热烈的、近距离的。但当两人在脸贴得很近时对视，就会有摆拍的尴尬感。正确的做法是其中一人可以看向镜头或看向其他地方。

拥抱与"贴贴"：表现安全感与共鸣，以及主体之间的紧密交流与互动。

悄悄话：营造私密、亲近的氛围，引导观者视线，增加照片的神秘感。

眼神交流：表现情感的连接与故事的延续，"一切尽在不言中"。

招牌动作：一些装酷、耍帅的多人组合可以形成一个整体。

情境同一：姿势与情境的契合可以增强照片的真实感，表现出娃娃在特定情境下的自然反应，使照片更有故事性与整体协调性。

不同的姿势和表现方式可以创造出截然不同的照片效果，我们可以根据拍摄目的和风格来进行选择和改变。最重要的是展现娃娃自信、自然和独特的个性。

4.4 松弛感的塑造：BJD坐姿摆姿

要想摆出自然的姿势，先要了解清楚娃娃的肢体关节。娃娃的身体一般是由带有关节的四肢和躯干组成的，我们主要通过转动这些关节来摆姿势。

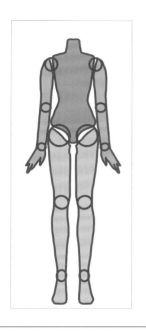

肩膀是上臂和躯干的结合处，因为要保持稳定性，娃娃的整个肩部的横向线条是固定的，而肩关节又是无法上下移动的，所以娃娃很难做出类似于"耸肩"这样需要改变肩关节位置的动作。

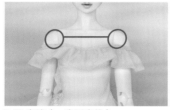

BJD 肩膀（一字形肩线）

人类耸肩（V 字形肩线）

因为关节有着这样的限制，所以我认为娃娃摆姿的核心并不是完全复刻人类的姿势，而是抓取动作的核心关键词，并且通过现有可动关节的扭转来分散对不可改变位置的关节的注意力，创造一种自然的姿态。

对于下图中芭蕾舞者上半身的姿势，娃娃基本无法实现，但是我们可以抓取原姿势"腿部弯曲""手脚相距很近"这样的关键词。

◀ 抓取关键词之后，我们根据关键词，将娃娃摆成这个姿势。

做好造型后我们可以得到这 ▶
个姿势的拍摄完全体。

4.4.1　BJD 躯干和腿部的关节选择

娃娃的躯干一般都是根据挺拔的身姿来制作的，而人们在日常生活中特别是在坐下的情况下，上半身是很难一直保持挺拔的，必然会有各种各样自然的弯曲。

弯曲

折叠

出于这样的考虑，我更倾向于选择躯干部分有关节的娃娃，这样就可以通过躯干部分关节的移动来尽可能使躯干自然弯曲。

除躯干以外，娃娃的腿部是非常容易摆出动作吸引关注的部分，修长美丽的腿部本身就有着不输于躯干的体量，而且自带曲线，结合各种可动关节的支撑，可以摆出很多姿势。

出于摆姿的考虑，娃娃的大腿根处最好能拥有可以固定的可动关节，从而可以利用腿部塑造更多的弯曲。

有可动关节，臀部和大腿可以自然连接

无可动关节，臀部和大腿会脱节

───◁ 小贴士 ▷───

在坐姿摆姿的教程中，我使用的都是拥有三段关节的躯干＋臀腿关节（大腿连接臀部躯干）的娃娃。

为了尽可能地让读者看清楚姿势本身，整体造型搭配比较混乱，请见谅。

4.4.2　松弛感坐姿案例

下面我就来通过一个坐姿案例，讲一讲我认为的让娃娃在有限的可动中摆出更自然姿势的核心——适当含胸＋腿部弯曲。

现在摆一个坐姿，除移动臀腿关节之外，不对其他主要关节做任何的扭转，即让娃娃挺拔地坐着。

因为臀腿关节连接角度的设计，几乎所有的娃娃自然坐着的时候躯干都会向后倾斜。这个坐姿从侧面看就是下图这样的。

向后倾斜的躯干

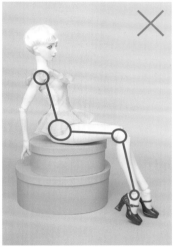

可以看到全身除了几个大关节之外都是直线

姿势看起来很僵硬。让我们觉得坐姿僵硬的原因很大程度上是过于挺拔并且微微倾斜的上半身。而摆姿就是为了摆脱这种僵硬感。

针对上半身的问题，我们可以从过于向后倾斜开始处理。

在不改变躯干挺拔程度的情况下，只依靠臀腿关节的折叠，使娃娃整个挺直的上半身向腿部靠拢。

摆脱僵硬感有两个思路

一是改变上半身的过于向后倾斜

二是让下半身的肢体更加吸引注意力

在臀腿关节折叠之后，坐姿变得自然了一些。接下来就要进入上半身调整最重要的一个部分：改变挺拔度，其秘诀就是含胸。

含胸顾名思义就是让胸部向内收，使脊椎从挺拔的姿态变成放松的姿态。对于人来说，含胸在很多时候并不是一种好的体态，但是能给人带来肉眼可见的松弛感。

我们可以把胸腔和腹腔看成两个单独的部分，含胸的姿势就是指这两个部分相接的地方内折。

正因如此，娃娃的胸腔必须有关节才能做到含胸这个动作。从侧面看，摆动胸腔关节之后如下图所示（为了方便观察我为娃娃选择了很贴身的衣服，平时拍摄时，胸腔的位移凸起应可以被衣服遮住）。

含胸侧面

被创造的胸腹折角

在不含胸的情况下，胸腹无折角会让人感觉僵硬。

不含胸侧面

不含胸无折角

含胸之后的上半身自然而然就有了松弛感。

我们来看两张坐姿：一张不含胸，一张含胸。

上半身挺拔

上半身含胸

上半身有折角的含胸姿势给人更松弛的感觉。

上半身无折角

上半身有折角

但是，无论含胸与否，两张图的姿势都还算自然，这是因为我们在摆姿势的时候用腿部刻意的弯曲来转移注意力。这两张图拥有相同的、非常漂亮的腿部曲线。

再来看下半身。转移注意力的焦点——大胆地扭曲腿部。为了突出腿部曲线，在视觉上让娃娃的小腿显得更修长，我用物理方法让娃娃绷脚踝（将热熔胶颗粒卡在关节处，或者使用绷脚踝的芭蕾脚或超高跟。拍摄的时候可以在前期用袜子之类的衣物遮住，或者后期用"污点修复画笔"和"图章"等工具消除）。

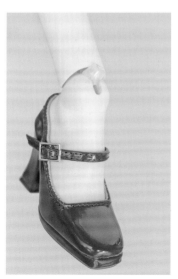

回到这张只依靠臀腿关节折叠整个上半身的照片。

给这个姿势做一个有层次的腿部弯曲，得到好看的腿部曲线。虽然这个姿势本身想表达的内容有点模糊，但是腿部动作已经吸引了我们的注意力，让我们有一种这个姿势很自然的错觉，从而消解了其本身的不协调感。

双腿弯曲的要点：塑造两条腿一前一后的层次感。前后两条腿可以是弯曲角度不同，也可以是姿势本身不同。在一个基础的坐姿上先对两条腿进行造型，使前后两条腿都保持膝盖弯曲的姿势。然后为了塑造高低不同的层次感，让两条腿的大腿一侧向上抬起另一侧自然地搭在凳子上。

前后、高低有层次的腿部线条让这个姿势显得更加自然，吸引了观者的注意力。

我们让娃娃上半身做出含胸动作，并且让其手腿产生互动，一个更松弛的姿势出现了。

削弱姿势不自然感的拍摄方法——改变拍摄角度。

有些时候一个姿势从某个角度拍会很奇怪，但是换一个角度拍会变得自然。我们的口号是一切皆为画面美学服务。因此我们摆姿势的时候只需要考虑这个姿势怎样在镜头里显得漂亮即可。

根据含胸＋弯曲腿部原则，我们可以摆一个坐在地面上屈腿的姿势。

这个姿势虽然符合坐姿的核心原则，但是受娃娃本身关节的限制，臀腿关节代替了原本应该有曲线弧度的臀部接触地面，会让内侧那条腿的大腿根变得很突兀，看久了就会觉得很奇怪。

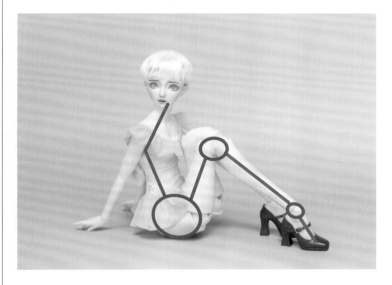

对于这种没有逻辑硬伤，只是拍出来很奇怪的姿势，我们就可以通过改变拍摄角度来获得想要的效果。

可以拍摄侧面，挡住突出的大腿根

也可以从上往下拍摄，获得另外一种构图

以上就是坐姿摆姿的一些核心要点，大家在尝试摆姿势的时候一定要考虑到娃娃身体的可动性，多多尝试，只有这样才能在拍摄中获得想要的结果。

4.5　"一本正经"却又"恰到好处"：BJD中式古典摆姿

BJD 中式古典摆姿应该是让很多读者头疼的一个问题，娃娃穿上古装后，就像被套上了枷锁，只能呆呆地站着，两只手也不知道该放在哪儿。

其实，古典摆姿不需要很复杂，只需要我们多看多练，同时加入一点儿"小心思"，拍照出片是很轻松的事情。

4.5.1　寻找灵感，化为己用

中国传统文化是我们寻找灵感的宝库，古典书画作品和诗词歌赋都能为我们提供思路。大家不妨建立一个专属的备忘录，可以是网盘文件夹，也可以是手机相册，遇到喜欢的画作、诗句都可以记录下来，整理思路时翻出来看一看，说不定能从中找到很多灵感。

1. 从古典画作中提取灵感

这幅唐代的仕女图是我非常喜欢的一幅工笔重彩画,画作中仕女头戴簪花,着朱色长裙,侧身右倾,逗弄着宠物的形象让人过目不忘。因此,我在给娃娃拍摄唐风主题的照片时下意识地模仿了这个形象。

五代南唐 周昉《簪花仕女图(部分)》

《闲敲棋子图》的画面宁静而深邃,一名女子坐在窗下,托腮看着棋盘沉思,素雅的形象让人印象深刻。我在模仿拍摄时加入了梨花和小猫的元素,让画面更富有动感。

清 费丹旭《闲敲棋子图》

"宋画第一人"李公麟所绘的维摩诘体态庄重，面容沉静；侧后方的女性形象身材修长，谦顺宁和。我非常喜欢这幅画作中维摩诘倚靠着凭几的姿态，在拍摄时甚至连披帛和鞋子都尝试模仿了一下。画中维摩诘头部的虹光让我联想到了月亮，因此在拍摄时利用布景表达了这个巧思。

宋 李公麟《维摩居士像》

2. 从古诗词中提取灵感

"轩廊明野色，松桧湿春烟。"

"千呼万唤始出来，犹抱琵琶半遮面。"

"蹴罢秋千，起来慵整纤纤手。露浓花瘦，薄汗轻衣透。"

"禁庭春昼，莺羽披新绣。"

"回首渭桥东，遥怜春色同。"

"桂嫩传香远，榆高送影斜。"

　　美好的古诗词总能带给我们一种难以捉摸的美感，使我们的脑海中浮现出一幅幅朦胧的画面。将这种只存在于自己心里的光影，用娃娃细细地去刻画、表达出来，未尝不是一种十分有趣的体验。

　　此外，经典名著、戏曲、古装影视剧等都是我们可以参考的对象，大家遇到感兴趣的内容可以随时记录下来，常看常新。

4.5.2　站姿的应用

　　BJD 中式古典风格的站姿乍一看好像千篇一律，但其实每个站姿都有各自的细节，这些细节才是展现美感的重点。摆出一个满意的站姿不仅要确保娃娃身体的各个部分协调统一，还要追求端庄、优雅的感觉。

1. 让身体有一定的线条

此线条非 S 曲线，而是指让身体保持一定的弯曲感。站得太笔直往往给人一种僵硬感。稍微调整一下娃娃的躯干关节，或者让娃娃的整个身体向某个重心倾斜，这样的站姿不生硬、不死板，拍起照来就轻松多了。

● 身体走向

○ 重心点

● 身体走向

○ 重心点

● 身体走向

○ 重心点

● 身体走向

○ 重心点

2. 利用衣摆拉长躯干

娃娃的古装一般放量较大（较宽松），衣摆会偏长一点。利用衣摆的走势使娃娃整体看起来更修长、更富有流动感，是一个非常好用的小妙招。

● 娃娃脚部
所在位置

● 娃娃脚部
所在位置

娃娃脚部
所在位置

3. 丰富动作，完善画面整体

我们可以多多利用娃娃上半身的关节，多扭、多摆、多尝试，在保证姿态端正的同时，丰富动作，尝试增加更多的动感。

4.5.3 坐姿的应用

大家可能会觉得"这种风格的坐姿，不是坐直就好了吗"，其实并不是这样的。我们不妨从以下几个小细节入手，摆出一个既端正又放松的坐姿。

小贴士

在拍摄时，让娃娃坐在哪儿都可以。无论是棚拍还是拍外景，坐姿的调整方式与使用椅子时大同小异，大家举一反三即可，这里不再赘述。

---

1. 使用椅子时，对角线坐姿法总不会出错

我们可以使娃娃的臀部坐在椅子的一角，双腿向椅面的对角线延伸，同时轻微调整其胸腔关节，让躯干微微弯曲，这是最简单也是最常用的坐姿小技巧。

直直地坐在椅子上、胸腔关节不做弯曲处理，整个娃娃显得很僵硬

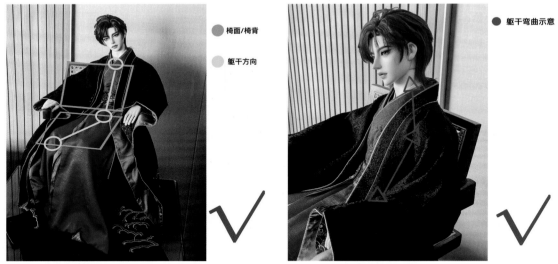

尝试一下对角线坐姿法，同时让娃娃的躯干微微弯曲，整个姿态看起来就自然多了

2. 使用椅子时，不一定坐在椅面上，也不一定坐在室内

　　其实椅子的坐法有很多，娃娃不一定要乖乖地坐在椅面上。

椅子只能在棚拍时使用吗？在室外一样可以灵活运用。

4.5.4　跪姿的应用

跪姿也是中式古典摆姿中的一类姿势，这类姿势因重心偏低，容易让摄影师把握好拍摄角度，对新手十分友好。

1. 双膝跪姿

这类姿势很容易摆，我们拍摄时可以多多运用。双膝跪姿的一大优点在于可以进行很多横向的构图。如果很想尝试拍摄中式古典风格的横向大场景照片，但同时又觉得站姿很难把握，那不如尝试一下让娃娃"跪下来"，说不定会有意外之喜。

2. 单膝跪姿

使用单膝跪姿时，娃娃看起来很飒爽，但是动作比较难摆。如果觉得很难调整出满意的姿势或娃娃容易倒下，可以尝试使用市面上售卖的跪姿支架，这样就方便多了。

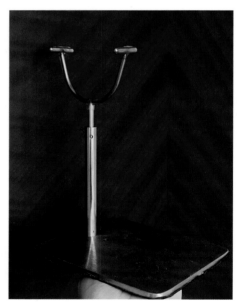

4.5.5 持物的应用

娃娃所持之物往往是画面的亮点，大家在选定一套照片中所使用的拍照道具后，可以根据道具的大小、属性、应用场景等构思人物的动作细节。

1. 扇子

　　我个人觉得，扇子是拍摄中式古典风格照片时最常用、最好用、最实用的道具。无论是团扇还是折扇，都可以完美地融入大部分拍照场景。当我们实在不知道娃娃的手中应该拿点什么的时候，找一把扇子就是完美的解决方法。扇子怎么拿都很上镜，注意娃娃的姿势不要太生硬即可。

2. 斗笠

　　斗笠是拍外景时很常用的一种道具，能让娃娃与自然环境产生互动感，增添野趣，使画面富有江湖气息。我们可以将斗笠戴在娃娃头上，让娃娃用手扶着帽檐，或者挂在娃娃脖子后面、让娃娃拿在手上等，方式很多，可以随意发挥。

3. 伞

　　伞不仅可以帮娃娃挡住背景中冗杂的人、事、物，还能让画面多出一份留白，方便构图。无论娃娃是站着、坐着，还是跪着，伞都与其很适配。

4. 灯

　　灯能很好地烘托氛围。当画面整体的明度较暗时，灯还能够起到画龙点睛的作用。手持的方式可以根据画面的需要调整。

5. 乐器

灵活运用（如捧着、提着、弹着）各类乐器道具，拍起照来其实很简单。

6. 披帛

　　披帛也是常用的道具之一，作为衣服的一部分，利用它摆出的姿势有很多。

　　此外，书本、酒壶、葫芦、背囊、花篮、拂尘、如意、手绢、纸笔、茶具、胭脂、发簪、刀剑等道具，都是拍摄中式古典风格照片时经常用到的，可应用的场景不胜枚举，平时可以多准备一些放在家里，方便拍照的时候进行选择。

第 5 章

让娃娃像真人的秘诀：
服装和道具

1. 百搭服装单品与组合

　　外套：牛仔外套是非常百搭的休闲单品，可以搭配各种上装和下装，给人一种随意自在的感觉。

　　其他类型的外套同理，可以穿、半脱、拿在手上、系在腰上等，展现出动感与青春活力。

　　休闲运动裤：可以搭配连帽衫表现舒适、时尚，也可以搭配宽松T恤展现居家风格。

白色背心：万能的内搭单品，可以适应各种风格。

T恤+牛仔裤、热裤：一件舒适的T恤搭配经典的牛仔裤、热裤，是休闲时尚的不二选择。可以选择白色或基础色的T恤，与各种颜色的牛仔裤、热裤搭配。

飘逸的连衣裙：展现女性魅力的单品，可以选择带有花朵图案或色彩明亮的连衣裙。

高腰裤和阔腿裤：能够延伸腿部线条，展现身材比例。

西装外套：职业感非常强，搭配一件简洁的衬衫，下身配一条半身裙，即可展现专业、自信和优雅。

2. 配饰与道具

配饰与道具是拍摄 BJD 照片时提升整体造型完成度、凸显独特的个性和风格、提升照片真实感和故事感的重要道具。

为什么配饰与道具很重要？

（1）完善造型：配饰与道具能够为服装搭配提供最后的点睛之笔，使整个造型更加完善。

（2）凸显个性：不同的配饰与道具可以凸显娃娃独特的个性和风格，让服装搭配更具个性化。右图中娃娃的嬉皮士帽子是凸显她叛逆性格的重要配饰。

（3）打造焦点：精心选择的配饰与道具可以将观者的目光引导到拍摄者希望突出展示的部分，如脸部、手腕、颈部等。

（4）增加层次感：配饰与道具可以为服装搭配增加层次感，使整个造型更有深度。

（5）增添色彩：选择不同颜色的配饰与道具可以为整个画面增添色彩，使整个造型更加生动活泼。下图中，橙色的盖子和橙红色的背包成为画面的焦点。

下面来分享一些比较实用的配饰与道具。

帽子：棒球帽、毛线帽、草帽等

背包：腰包、双肩包、时尚手提包等

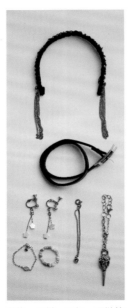

首饰：手链、耳钉、项链等

电子产品：手机、耳机、相机等

墨镜/眼镜：除了戴在眼睛上，也可以别在胸前、戴在头上，是时尚加成的利器

水杯：水瓶、饮料瓶、咖啡杯、饮料罐等

纸质产品：杂志、本子、报纸等

食品：便当三明治、袋装面包等

1. 给娃娃做造型的时候，露出耳朵会更有真实感

　　娃娃都需要戴假发套，假发套有些时候会过于厚重，像一顶帽子。解决方法就是我们在整理发型的时候有意识地让娃娃露出耳朵，这样会让人感觉头发是和头连在一起的，而不是很明显地戴在头上的。

有耳朵　　　　　　　　　　　　　　　　　无耳朵

有耳朵　　　　　　　　　　　　　　　　　无耳朵

2. 偷懒的布景方法 + 极简造型

不知道如何做主题布景及造型的时候有一个偷懒的小技巧：主要布景保持一种颜色 + 娃娃全身的主要服饰保持纯黑、纯白、彩色纯色 + 一个重点配饰或道具。此搭配方案几乎可以适配所有风格的脑洞。

主要布景：红色；娃娃全身：黑白色；
重点配饰：发簪

主要布景：灰白色；娃娃全身：白色；
重点道具：紫色花束

主要布景：黑色；娃娃全身：白色；
重点配饰：手造花套组

3. 造型的偷懒秘诀

准备一些让人眼前一亮的配饰，让它们成为拍摄的点睛之笔。

准备一些精致的、体量相对大一点的头冠、头饰、扇子之类的配饰，在整体穿搭很简单的情况下让它们成为造型的焦点。这样，造型中的简单和繁复比例得当，给人一种很高级的感觉。

让精致的团扇成为画面的焦点

繁复的头冠配上纯白简单的服饰很出片　　　　　　　　　造型特殊时，用发冠增光添彩

4. 巧用眼泥，一次性固定的好帮手

有些时候，一些特殊的造型可以用眼泥进行一次性固定。下面妆面上的小珠珠就是用眼泥固定的。

下图发型上的装饰也是用眼泥固定的。需要用手拿东西的时候也可以用眼泥在手部进行固定。下图右边娃娃手上的扇子就是用眼泥固定的。

5. 建立服装收纳备忘录

我会将娃娃的衣服收纳在防尘袋里，然后给每个防尘袋贴上标签，描述一下衣服的风格和内容。

6. 多多尝试有趣的搭配

玩娃娃的时候有意识地进行一些有趣的搭配，说不定就是下一次的脑洞造型了。

娃娃的衣服可以随意搭配，大胆用单品进行混搭，可能会有惊喜出现。

5.3 Koharu的服装道具小心得

1. 宽袍大袖怎么穿

大家在给娃娃穿古装或类似古装的比较宽大的服装时，可能会觉得难整理。下面我把自己的经验分享给大家，有此类烦恼的读者不妨试一试。

我们以齐胸襦裙的服装款式来举例。

穿衣服时可以借助工具，这里用到的是圆片纳米胶、美纹纸胶带。

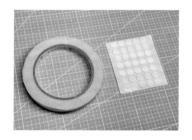

最先穿的是上襦，虽然是穿在最里面的，也是最不起眼的，但是上襦穿得是否合适会直接影响照片的质感。穿着上襦时建议将娃娃的双手平举，穿上后调整衣襟，盖住娃娃的胸部，并在胸部下面使用美纹纸胶带粘贴固定好。

穿着上襦时同样需要注意后背，因松量比较多，可以把多余的布料叠成"工"字褶并用美纹纸胶带固定好。这样娃娃的后背看起来很薄、衣服很服帖，拍照比较美观。

穿着上襦时，需要注意将两边的衣襟扯紧、扯服帖，不要松松垮垮的。使用美纹纸胶带固定可以预防衣襟乱动。将娃娃的双手平举整理，而非双手下垂整理，是为了避免因腋下没有松量，当需要抬娃娃手臂时，上襦的衣襟跑位。因为穿在最里面，整理起来很麻烦，所以我们在穿时就尽可能规避这一点。

不建议的穿着方式3：后背的位置没有拉紧，拍照的时候看起来会有点驼背，不美观

接下来是襦裙，建议在襦裙的内部贴上圆片纳米胶，将襦裙上沿牢牢地固定在娃娃胸部最高点偏上一些的位置。襦裙上沿固定在这个位置会显得娃娃脖子长、气质佳，同时不容易滑落，外出拍照也很方便。

不建议的穿着方式1：衣襟穿得松垮、拧巴，影响拍照的整体效果

不建议的穿着方式2：衣襟穿成了交叠的形式，看起来比较别扭

不建议的穿着方式4：没有使用圆片纳米胶固定，又怕襦裙会掉，因此直接将襦裙穿到了喉咙的高度，整体看起来有一种窒息感，同时会显得娃娃的脖子比较短

穿着大袖衫的时候也建议使用圆片纳米胶在衣襟内侧固定好，这样大袖衫不容易滑落，同时也能让脖子附近的衣料更加服帖。

不建议的穿着方式5：大袖衫的衣襟如果不贴合脖子，容易向上耸起，从而在视觉上让娃娃的脖子变短，整体看起来很没精神

我们可以通过穿宽袍大袖的小秘诀让原本剪裁宽大、不贴合身体曲线的衣服变得顺应身体的走势，同时凸显因宽松而带来的大气感、舒适感、呼吸感。在穿着前如果不知从何下手，不妨试着往这个方向上靠拢，相信会有不少灵感。

2. 宽袍大袖下的小秘密

小秘密1："飞天"披帛。

想要一条有飞天感的披帛，其实非常简单。需要的材料包含一把剪钳、一卷手工铜丝（建议粗0.3mm或0.4mm）、一条披帛。

由于大部分披帛的制作都用到了卷边工艺，我们可以用剪钳剪一段和披帛一样长的铜丝，轻轻地将披帛卷边的缝份扎一个小洞，将铜丝插进去，一路插到底就可以了（注意小心操作，不要让布料勾丝）。

通过这种方法，披帛会变得"立起来"，同时还可以随便弯曲造型，搭在娃娃的身上非常出片。

需要注意的是，这种方法不适用于用密拷工艺制作的披帛。

小秘密 2："飘"起来的袖子。

　　自己一个人拍照的时候做不到一边扇风，一边按快门。那么我们可以通过这个小窍门，让娃娃衣服的袖子"飘"起来。需要的材料包含一把剪钳、一扎包胶铝线、一张圆片纳米胶。

　　（1）先将穿在里面的窄袖袖子撸起来，在娃娃的小臂上贴上几片圆片纳米胶。

　　（2）剪一截长度适中的包胶铝线，前端缠绕在娃娃贴了圆片纳米胶的小臂上，后端自然地垂下，藏在广袖里面。

　　（3）通过调整包胶铝线的弧度与方向，就可以使袖子"飘"起来了，看起来就像有清风拂过一样。这样即使在无风的环境下，我们也可以拍摄出有动感的照片了。

第6章

为照片加分的最后一步：
后期处理

Camera Raw 是 Photoshop 的内置软件，一般用于解析 RAW 格式的文件（如尼康的 NEF、佳能的 CR2、索尼的 ARW、哈苏的3FR格式等，记录了照片的原始数据，相对于 JPG 来说数据更丰富、调色空间更大）。由于 Camera Raw 的调色功能较为强大，我目前对照片的前期调色一般都在 Camera Raw 中完成，基本不再在 Photoshop 中做更多颜色调整了，这里就给大家简单介绍一下其各个功能的用处。

6.1.1 Camera Raw 界面基础介绍

打开 Photoshop 后，将 RAW 格式的文件拖入其中，Camera Raw 就会自动启动。下图中 Camera Raw 的版本为 14.5，不同版本的界面可能有所不同，但基本功能类似。

界面右侧就是操作面板，最右侧图标对应的分别是编辑、裁剪、修复、局部调整、去红眼、快照预设和其他功能，其中编辑功能是主要的调色功能。编辑功能下包括"配置文件"选项及"基本""曲线""细节""混色器""颜色分级""光学""几何""效果""校准"等选项卡。

在"配置文件"选项中可以选择不同的配置来呈现不同的色调，这是调色的基础。"数量"调整条可以控制配置的浓度。除Adobe默认色调和相机内置色调外，还有一些内置的艺术色调可供选择，另外也可以自己添加网上的配置文件，因为篇幅原因，具体操作可以自行上网学习。

1. "基本"选项卡

"基本"选项卡下的内容是基础的调整功能。

"色温"负责调整照片的冷暖，数值越小色调越冷，数值越大色调越暖。

"色调"负责调整照片的色偏，向左拖动滑块，照片呈现洋红色；向右拖动滑块，照片呈现绿色。

"曝光"调整照片的亮度，但与 Photoshop 的"亮度"功能不同。"亮度"更多的是改变中间调的亮度，但"曝光"可以调整整体亮度。

"对比度"负责调整照片的对比度，向右拖动滑块会加大明暗反差，向左拖动滑块则减小反差（发灰）。

"高光"负责调整照片中最亮的区域。

"阴影"负责调整照片中最暗的区域。

"白色"负责调整照片中大部分亮的区域。

"黑色"负责调整照片中大部分暗的区域。

"纹理"可以简单理解为向右拖动滑块轮廓会变得清晰，向左拖动滑块轮廓会变得模糊。

"清晰度"可用来增强画面质感，向左拖动滑块的效果是有点柔光的感觉，越往右越清晰。和"锐化"不同的是，"清晰度"改变的是中间调的对比度，增加了局部的反差。

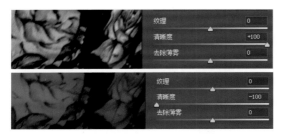

"去除薄雾"用于减少照片中的雾霾效果，向右拖动滑块时，可以让原本雾蒙蒙的画面变得轮廓清晰、质感通透；向左拖动滑块，可以营造朦胧的梦幻效果。

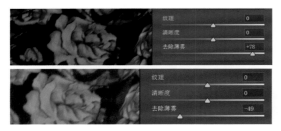

"自然饱和度"和"饱和度"，"自然饱和度"可以使画面中比较灰的颜色更加生动，它和"饱和度"的区别主要在于调整范围的不同。

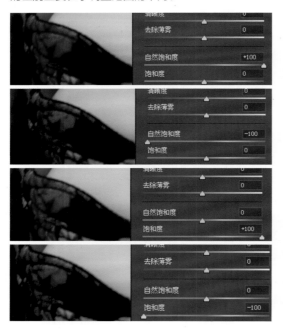

2. "曲线"选项卡

我们可以在这里以颜色曲线的方式调整画面的影调和颜色，有参数曲线、点曲线、红色通道、绿色通道、蓝色通道5种曲线。

参数曲线把曲线分为4个调整区域，我个人建议使用可以随意编辑的"点曲线"模式。

点曲线可以简单记为左侧负责暗的部分、右侧负责亮的部分。如果调节两端根部，可以影响最暗处和最亮处，制造灰灰的空气感。

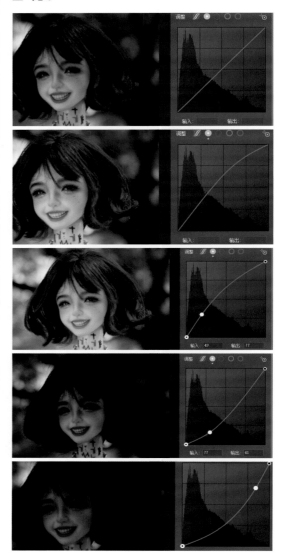

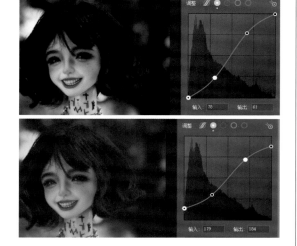

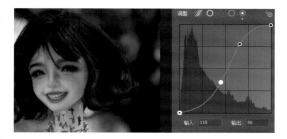

我们也可以单独调整红色通道、绿色通道、蓝色通道的颜色曲线，为了使效果比较明显，我这里拉得比较极端。可以看到我将红色通道、绿色通道拉成了反 S 曲线，将蓝色通道拉成了 S 曲线。

在这样的曲线下，红色通道暗的部分呈现红色，亮的部分呈现红色的反色——青色。

"参数曲线目标调整工具"可以对局部颜色直接进行调整，对于曲线不熟悉的读者通过这个功能也能轻松上手。当这一功能启用时，直接在照片中用鼠标左键按住想要调整的部分，左拉或右拉即可对同一影调的部分进行调整。

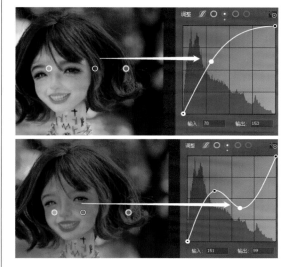

绿色通道同理，暗的部分呈现绿色，亮的部分呈现绿色的反色——洋红色。

3. "细节"和"混色器"选项卡

"细节"选项卡一般调整"锐化"数值即可，数值越大，照片中的轮廓边缘越锐利。

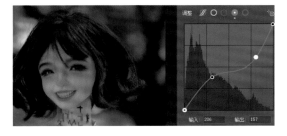

蓝色通道亮的部分拉高、暗的部分拉低，呈现在画面中就是亮的部分发蓝、暗的部分发黄。

通过微调和组合，我们就可以调出理想的颜色。

"混色器"选项卡可以调整照片中 8 种基础色的

色相、饱和度和明亮度。以色相中的绿色为例，向左拖动滑块时照片中的树叶会呈现黄色，向右拖动滑块则会呈现蓝绿色。

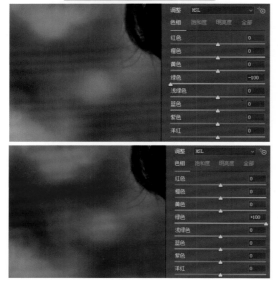

4. "颜色分级"和"光学"选项卡

在这里，可以以色环的形式分别调整中间调、阴影和高光。以上图为例，将中间调、阴影和高光的色彩倾向分别被调整为红色、蓝色和绿色，再用下面的"混合"和"平衡"滑块调节影调之间的关系。

向左拖动"混合"滑块时，影调之间会更加分明，向右拖动则过渡柔和。

向左拖动"平衡"滑块时，阴影区域会变多，向右拖动则高光区域会变多。

"光学"选项卡可以矫正镜头的凹凸变形和暗角等，"去边"则可以去除紫边、绿边。

5. "几何"和"效果"选项卡

拍摄时不慎未端平相机，则可以在"几何"选项卡下进行调整，单击 **A** 图标（自动：应用平衡透视校正），软件可以自动调节。

"效果"选项卡能为照片添加
胶片质感的颗粒与黑/白晕影效果。

6. "校准"选项卡

如果说"混色器"选项卡是精
细调整每种颜色的色相、饱和度和
明亮度，那么"校准"选项卡则是
基于三原色进行的大体调整。

如下图所示，可以看到调整后的颜色更加舒适，且由于是基于三原
色进行调整的，其颜色比"混色器"调整的过渡更加柔和。

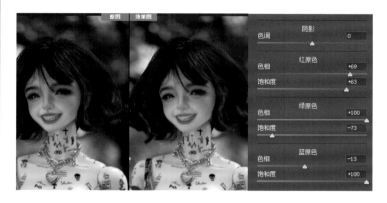

6.1.2　Camera Raw 基本调色思路

（1）先调整曝光。因为亮的部分、暗的部分都可以单独调整，所
以不用担心亮部过曝。我一般喜欢清亮一点的效果，所以整体调得稍微
过曝。

（2）轻微调整一下对比度、纹理和清晰度，使整个照片的线条更加清晰、锐利。

（3）调整高光、阴影、白色、黑色，直到亮的部分不呲光、暗的部分不死黑，视觉上舒服即可。

（4）在"校准"选项卡下对颜色做整体的调整。拍 BJD 时我会将蓝原色饱和度调高、绿原色饱和度调低，来展现通透的色调。

（5）在"混色器"选项卡中调低过于鲜艳的紫色、洋红色的饱和度，调高黄色、橙色的明亮度，并轻微调低饱和度，这样可以将刚刚在"校准"选项卡中受影响的发黄肤色调回至正常。

BJD 的肤色一般受红色、橙

色、黄色的影响，我个人的建议是将橙色、黄色的饱和度稍微调低，调高明亮度，橙色色相稍微调低，以获得通透红润的脸色。红色通常会影响妆容和唇色，我喜欢稍微调高，使妆容和唇色稍稍发橙色。

对于绿色，我通常喜欢往青蓝色方向调整，并调低其饱和度，这样可以呈现清丽、通透的高级感。

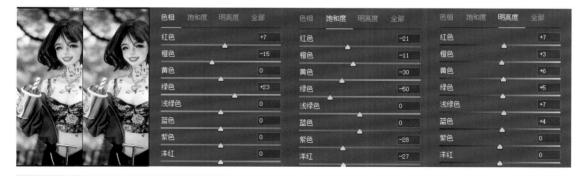

（6）接下来调整曲线，我比较喜欢胶片的色调，通常这种色调是通过调整颜色曲线来完成的。调整的时候，我们要在3个通道间来回切换才能调出满意的色调。

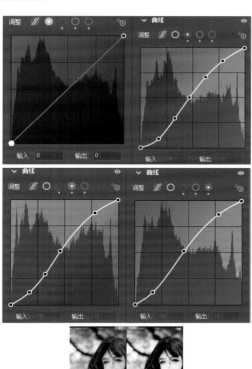

（7）调整完成后，我觉得对比度太重了，所以切回"基本"选项卡调低了对比度，微调了高光和阴影。

（8）肤色有些发绿，所以在"颜色分级"选项卡中为高光添加了一点儿红色。这样一来照片的调色就基本完成了。

总结：在使用 Camera Raw 修片过程中，一定会不停地在各个选项卡中来回切换、调整，这是很正常的事。照片要经过多次调试、平衡才会达到满意的效果，因此一定要有耐心。

6.1.3　Camera Raw 统一组图色调：预设功能

在调完一张照片后，使用预设功能即可统一同一组照片的色调了。

具体方法如下。

修完图后，单击"预设"面板中的"新建预设"按钮，按步骤操作即可保存。

保存好的预设都在列表中，切换到未调色的照片或选择多张照片，选择保存的预设即可套用。

需要注意的是，如果拍摄时使用自动模式，直接套用同一个预设时，其曝光和色温均会有变化，所以在套用预设后还需要对每张照片进行微调，但预设基本可以保证风格的统一。

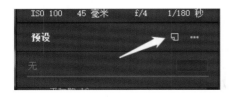

我们看到网上有很多售卖的预设包，但往往购买回来导入自己的 Camera Raw 中套用时发现效果完全不对，一般来说有以下两种原因。

第一，拍摄环境差距很大，很多售卖的预设包都是针对某一特定照片进行调整的。即使是同一个人拍的，拿今天的室内照片预设套用到明天的室外照片上，出来的照片也一样会颜色奇怪。

第二，预设包可能是对 JPG 格式照片而非 RAW 格式照片进行的调色预设。Camera Raw 不仅可以通过直接拖入 RAW 格式照片启动，还可以从 Photoshop 菜单栏中执行"滤镜"→"Camera

Raw 滤镜"命令来启动，有可能在套用 Camera Raw 之前，预设制作人已经在 Photoshop 里预先调整过照片的颜色，在已经有调色基础的照片上调出来的预设，套用在原始的 RAW 格式的照片上，颜色必然是不对的。

预设包并不是不建议大家购买，而是要有选择地去使用，可以看它的数值，去揣摩、学习预设制作人的用意，这对于提升自己的调色能力是非常有用的。

6.1.4　几种常用调色基底

始终记得曲线是根据画面来的，数值不必完全一致，调到自己的照片让人感觉舒服即可。

1．浓郁的胶片色调

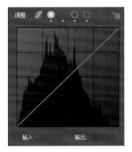

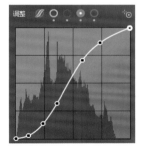
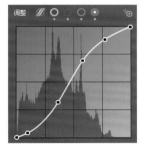

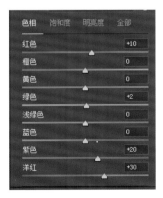
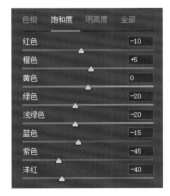

2. 温馨的 INS 风奶油色调

白平衡	自定
色温	5500
色调	+10
曝光	+0.45
对比度	-5
高光	-43
阴影	+51
白色	-40
黑色	+100
纹理	0
清晰度	-10
去除薄雾	0
自然饱和度	+13
饱和度	-41

阴影	
色调	-2
红原色	
色相	+26
饱和度	+28
绿原色	
色相	+44
饱和度	+31
蓝原色	
色相	-5
饱和度	-13

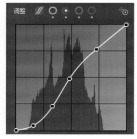

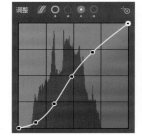

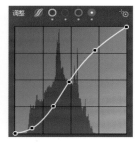

调整	HSL
色相	饱和度　明亮度　全部
红色	+10
橙色	+5
黄色	0
绿色	0
浅绿色	+10
蓝色	-5
紫色	+20
洋红	+20

色相　饱和度　明亮度　全部	
红色	0
橙色	-6
黄色	-30
绿色	-69
浅绿色	0
蓝色	-23
紫色	-35
洋红	-35

色相　饱和度　明亮度　全部	
红色	0
橙色	-3
黄色	0
绿色	0
浅绿色	-12
蓝色	-25
紫色	0
洋红	0

3. 日系胶片色调

白平衡	原照设置
色温	5100
色调	-2
曝光	0.00
对比度	0
高光	-57
阴影	+10
白色	-30
黑色	+20
纹理	0
清晰度	0
去除薄雾	0
自然饱和度	0
饱和度	0

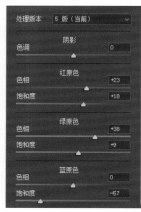

处理版本	5 版（当前）
阴影	
色调	0
红原色	
色相	+23
饱和度	+18
绿原色	
色相	+38
饱和度	+9
蓝原色	
色相	0
饱和度	-57

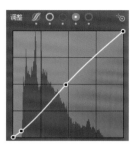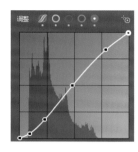

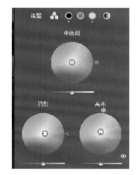

6.2 修型

　　娃娃的脸是完美的，几乎不需要处理，因此后期处理主要是进行修型。关于修理瑕疵的方法，后文中有详细讲解。

6.2.1 增加对比度，提升质感

　　在对某些打灯拍的硬照进行后期处理时，我们可以用局部增加对比度的方法提升画面的质感。这里用到的工具是 Photoshop 中的"加深工具"和"减淡工具"，与拖动"对比度"滑块不一样，"加深工具"和"减淡工具"可以更加精准地控制局部的亮度。如右图所示，我们通过"加深工具"和"减淡工具"调节了头发的光比，让它变得更加顺滑，具有光泽感。

（1）打开照片，按快捷键 Ctrl+Shift+N，新建一个图层，弹出"新建图层"对话框，将"模式"改为"叠加"，勾选"填充叠加中性色"复选框，单击"确定"按钮。

（2）选择"减淡工具"，将画笔调整到合适的大小（如要给一缕头发减淡，画笔就要小于这缕头发）。设置"曝光度"为"5%"，尽量不要超过 8%，否则不太好控制。

（3）设置好画笔后，就可以开始描画。因为高光比较明显，所以先从高光开始，在描画的时候尽量顺着头发的方向，一笔一笔地去减淡。

（4）将所有高光的地方减淡后，我们再来加深。加深主要是对头发的暗处描画，让头发的暗处暗下来。需要注意的是，高光和阴影的过渡不要太僵硬，可以通过一笔一笔地描画来使这个渐变更加自然。

通过这样的加深、减淡操作，可以让头发的弯曲效果更加立体，使高光处看起来更突出画面，暗处更远离画面。

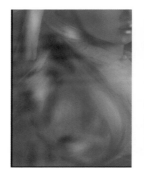 

这种方法同样适用于提亮眼部。可以看到下图中眼部虽然有眼神光，但整体不够亮，可以用"减淡工具"把眼白、虹膜、卧蚕适当调亮。

6.2.2　BJD 关节修型

相信每位读者都曾面临过这类难题：娃娃的关节虽然是娃娃本身的一大可爱之处，但在某些特定的拍照需求下，我们希望娃娃的关节部分能看起来更像真人。那么这类细节应该如何处理呢？我把我的一些后期处理经验分享给大家。这里选择了两个不同肤色、不同尺寸的娃娃进行展示。

1. 基础工具和功能介绍

推荐使用的设备：计算机 / 数位板 /iPad。

推荐使用的软件：Procreat/Photoshop/SAI2/ 优动漫等。

> **━━ 小贴士 ━━**
>
> 如果你是绘图初学者，推荐使用 SAI2 或优动漫这种带有抖动修正功能的绘图软件，可以有效避免因手抖使画线不流畅的问题，更快上手。
> SAI2 软件中没有"液化"功能，如果需要用到该功能，可以在完成修型后导入 Photoshop 中进一步操作。

首先，在开始修关节之前，一起先来了解一下常用的工具和功能及图层的混合模式。由于各绘画软件对工具和功能及图层的混合模式称呼不同，具体使用哪一种可以根据下列描述自行选择，或者寻找笔刷资源下载使用。

● 工具和功能

（1）吸管：吸取颜色。

（2）默认铅笔：比较细而硬的笔，常用于绘制高光点和勾勒发丝。

（3）喷枪：边缘模糊但是笔触较为均匀的笔刷，常用于重铺肤色、范围提亮。

（4）橡皮：常用于修型。

（5）仿真平笔：自带条状纹理的笔刷，常用于画大面积的发丝。

（6）剪切：剪切图像再拼合，常用于修改错位较大的结构。

（7）液化：可以对图案进行推拉，常用于修改大面积的轮廓。由于液化容易将主体之外的东西一起变形，对初学者来说较难控制，切忌过度使用。

（8）混色：使两种颜色之间的过渡更加均匀，笔触更加不明显，但不建议大面积使用。

（9）高斯模糊：添加模糊效果，常用于创造层次感或模糊一些不好细化的细节。

● 图层的混合模式

（1）正片叠底：该图层的颜色将对置于其下的图层进行加深，常用于添加阴影与细节。

（2）叠加 / 滤色：该图层的颜色将对置于其下的图层进行减淡。叠加的颜色更偏向本色，滤色则偏向白色。常用于提亮画面某一部分或增加颜色的丰富程度。

（3）锁定透明度：一种简单地避免将颜色涂出边界的办法。如果你有一定的绘图软件使用基础，也可以在选区后建立图层蒙版来避免涂出边界。

● 需要注意的地方

（1）在开始修图之前，不要忘记备份。推荐将底片图层复制一份并锁定，以便随时查看对比，不小心修坏了也可以重来。

（2）不要直接在底片图层上动笔，记得要新建图层。

（3）不知道该怎么画的时候多多寻找照片参考，不要埋头硬画，厘清头绪很重要。

─────── 小贴士 ───────

这只是我的个人经验，所选案例及绘制的简介图有很多不足之处，还请见谅。大家可以多多尝试，找到适合自己的修型方法。

2. 膝关节修型

我使用的软件是 SAI2。先选择难度较低的 90° 弯曲膝关节来练习修型。90° 弯曲的膝关节要修改的部分较少。例图中，大尺寸男娃的肌肉线条较为明显，细节较多，需要注意关节的骨感。

（1）打型，确定要画的范围和形状。一般会根据原片的关节位置做加法，这样可以避免重绘关节周围的背景，方便后续操作。

（2）吸色并用喷枪遮盖底片。吸色并喷涂的时候可以吸取不同地方的颜色重复喷涂，让喷涂的颜色与周围的颜色衔接得较为自然。

（3）根据先前打好的型，用橡皮擦去边缘，再用默认铅笔修出轮廓。

（4）新建图层，用浅灰色喷出膝盖体积，通过正片叠底添加光影效果和细节。

同理，小尺寸女娃膝关节的处理方式与男娃大同小异，可以适当减少一些细节，画得圆润一些。

再来学习一下侧面和背面的膝关节修型。在拍摄全身站姿时，不突兀、不违和的膝关节是点睛之笔。

从侧面看，弯曲的膝关节会出现大腿和小腿肌肉互相挤压的情况，需要注意红圈处，将肌肉挤压的感觉画出来。

当娃娃直立时，膝盖后侧会有凹进去的膝窝。由于膝盖需要经常弯曲，这部分皮肤会有折叠的痕迹，颜色也会比其他位置皮肤的颜色稍微深一些，大致形状如下图所示。在绘制时要让这部分看起来较为自然，不要与其他位置皮肤的颜色差距过大。

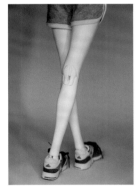

3. 肘关节修型

掌握了膝关节的修型方法，我们可以以此类推肘关节。

先试一试简单的肘关节正面，肘关节正面的修型相较于侧面会简单一些，与膝盖后侧大同小异，需注意皮肤也会有折叠的痕迹。

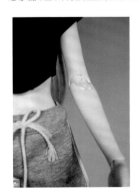

掌握了肘关节正面的修型，让我们来挑战一下弯曲度较大的肘关节侧面。肘关节是拍摄娃娃半身照时经常出镜的身体部分，因此肘关节的修型尤其重要。流畅、自然是最关键的。由于需要大面积的修改，弯曲度较大的肘关节是修图的一大难点。

娃娃的关节和人的关节差距较大，折叠度较高的动作一向是修图中较难的部分。在修这类关节时一定要先找好参考。

人体是肉包裹着骨骼，与普遍依靠卡槽做出动作的娃娃有很大差距。手臂在弯曲时肘关节会凸出成一个角，而柔软的皮肉会互相挤压变形。画出挤压的肉感是使大幅度动作的娃娃更接近真人的关键。

一时找不到参考图片时，不妨找一面镜子，对着镜子摆一个和娃娃类似的姿势，看看自己的肘关节是什么形态的。

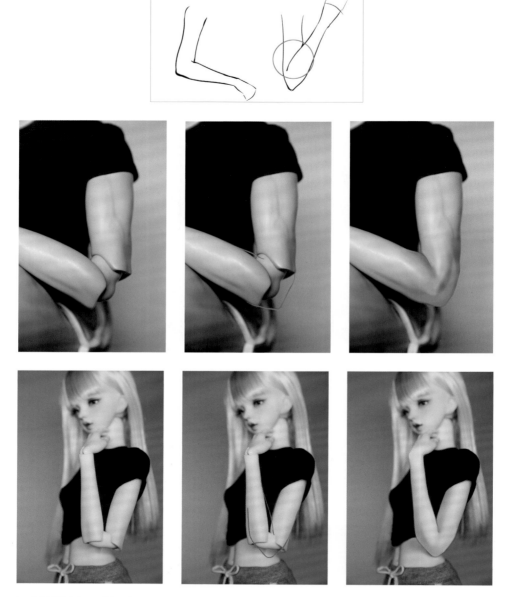

和上面讲过的例子一样，先根据真人肘关节的外形画出想要修改的轮廓。如果娃娃的关节卡槽较大，可以通过以下4种方法来改善。

（1）可以使用液化功能将大臂与小臂推近一些。

（2）复制图层并裁切图案，将大臂与小臂贴近一些。

（3）直接画，调整好大小臂的位置后，使用喷枪、橡皮和默认铅笔进行修型，并参考原图修补周边变形或缺失的部分。

（4）使用正片叠底增加光影和细节。

4. 蹲姿修型

相信蹲姿是很多读者比较头疼的一个姿势，膝盖部分折叠程度较高，娃娃腿部的视觉效果很不流畅。但是有了上面对肘关节修型的经验，我们可以很快地掌握蹲姿的修型技巧。

有一些娃娃会在靠近膝关节的位置处预留向内的凹槽，但是大部分娃娃没有这个设计，需要我们调整形状绘制出大腿、小腿肌肉的挤压感。膝盖的处理可以参考上文 90° 弯曲膝关节的案例。

5. 胸腔关节修型

胸腔关节的出镜率虽然不高，但是有时也会影响照片整体的视觉流畅性。大部分时候我们不会大幅度地折叠这部分的关节，只需要用默认铅笔和喷枪均匀

地抹除关节接缝处的阴影即可（手腕、脚踝、肩关节的修型方法大致也是如此）。

6. 股关节修型

我们在给股关节修型时，需注意股关节与娃娃臀部、腰部衔接的流畅程度。这个部位的修型常见于娃娃穿着泳衣、高开衩礼服等情况。处理得当会给照片整体大大加分。股关节也是娃娃和人体差距较大的地方之一，处理方式与膝关节、肘关节有共通之处，这里不再赘述。

需要注意的是，由于股关节面积较大且周围容易有衣物背景遮挡，画的时候需要多考虑这些影响，尽量贴近原本的形状以避免出现需要大面积修补背景的情况。同时，可以在完成后加上一点"比基尼线"，让画面整体的完成度更高。灵活使用液化功能，轻微调整娃娃臀部的整体线条，让整个股关节位置的"肉感"更加真实。

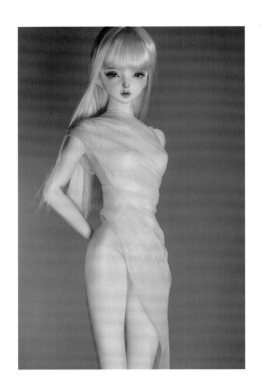

7. 脖颈关节修型

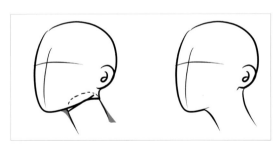

要说娃娃最容易产生违和感的关节，那非脖颈关节莫属。由于娃娃素体的脖颈是一个固定的圆柱体，脖子和头之间没有皮肉连接，在转动头的时候不会像真人一样皮肉跟着运动，因此在给脖颈关节修型时不能单纯地将缝隙消去就算完成，要考虑到头部动作对脖子或下巴皮肉的牵拉，参考真人调整脖颈的形状，画出真实的皮肤牵拉感。

在拍摄脖子侧面或背面时，假发若与脖子有空隙，也容易有违和感，这时可以手动绘制一些碎发挡住空隙，使其看上去更加自然。

绘制完成后，可能会显得脖颈位置比原先长一点。

这时我们可以使用液化功能将肩部向上微提，将脖子的整体长度稍微修短一点儿，这样看起来更真实。

6.2.3　发丝的绘制技巧

发丝的绘制教程和发丝笔刷在很多社交平台上都能获取，因此在这里仅做简要说明。因为发丝颜色较浅时不方便随意遮盖，所以浅色系的头发较深色系更有难度一些，这里我们以浅色系头发为例进行讲解。

由于娃娃的体积小，加上一些由高温丝等材料制作的假发硬度较真人发丝硬，做不到和真人发丝一样的飘动弧度，我们可以参考真人照片，用仿真平笔简单画出有弧度的发丝，然后用喷枪等将画出来的头发与原本的头发进行连接。

再用默认铅笔画出一些发丝线条，增强律动感，要注意画出来的发丝走向不能与原本发丝的走向冲突。对初学者来说，画细长的线可能比较困难，这时候就可以开启抖动修正功能，多加尝试。

　　总结：其实，关节的修型与发丝绘制并不是我们每个玩娃人都必须要会的技巧，但在一些特殊的场景需求下，确实能为我们的照片增色不少。大家感兴趣的话可以多加练习，希望能对大家有所帮助。

6.2.4　耸肩

　　耸肩一般是通过液化肩部来完成的，但是在调整时很容易影响到面部，因此我建议使用"液化"面板中的"冻结蒙版工具"，先把娃娃的面部固定再来调整肩膀高度，少量多次，慢慢地调整到想要的角度。

　　以这张图为例，因为使用的是 DD 身，所以肩有些窄，并且我希望娃娃的右肩更高一些，左肩的线条更流畅一些，所以就使用 Photoshop 的液化功能做了进一步调整。

　　（2）选择"向前变形工具"，压力和密度不宜太大，适当就行，画笔大小恰好能覆盖肩部即可。然后将肩膀向斜上／斜下轻轻拖曳。

　　（1）进入"液化"面板后，先用"冻结蒙版工具"把娃娃的面部冻结，防止调整时影响到五官。

（3）由于身体设计原因，这里有一个缺口，可以
缩小画笔把这里向下推，将缺口压缩得小一些。

（4）调整过后的耸肩就更加自然了。

6.2.5 缩头 / 四肢比例

有时由于拍摄角度较高，或者头和身体不适配，
往往会显得头大身子小。在这种情况下，我一般推
荐使用醒图、美图秀秀等App中的"小头""增高""瘦
脸瘦身"等功能来调整。App中的功能比较智能，
能保护背景不至于太过变形，且能保留面部的整体
比例，我个人认为比Photoshop要方便很多，所
以建议当遇到头大的问题时不妨使用这两个App来
解决。

（1）以下图为例，下图存在胳膊短、头大等问题，
可以在醒图App中解决。在醒图App中打开该图片，
选择"瘦脸瘦身"功能，拖曳两个胳膊将其拉长。

（2）使用"自动美体"中的"小头"功能，将头
调整到合适的比例。可以看到该功能会对胳膊的形状
造成影响，所以需要用"瘦脸瘦身"功能将胳膊下方
的弧度拉直。

（3）调整好后，比例舒服多了。

6.2.6　表情

对于表情，我同样建议使用醒图、美图秀秀 App 的"表情重塑"功能来完成，不过我更建议拍照片时使用表情头，这样的表情会更加自然。如果是无表情的娃娃可以考虑使用"冷酷"等表情。此外，即使是已经有笑表情的娃娃，也可以使用 App 中的"笑"表情进行加强，这样生成的表情会更自然、更有亲切感，可以有效减小恐怖谷效应。

6.3　综合后期案例1：基础修瑕和液化

在前文布景时我曾说过，在拍摄时我们要尽可能地让背景中杂乱穿帮的物品变少，尽可能地在镜头中呈现完美的画面。但是，实际拍摄的情况往往不为我们所控制，经常会出现无法避免的穿帮问题。这个时候，我们就可以分析原图中存在的穿帮问题，然后运用后期手段来修复，使观者的视线不会被这些穿帮问题干扰。保持照片环境"干净"就是后期处理最重要的原则。

下面是我拍摄的一张芭蕾主题照片的原图。先分析原图的问题，找到照片上肉眼可见的穿帮问题。我们可以直接观察到，照片中虽然娃娃的形体十分美丽，但是背景中存在很多穿帮问题。穿帮问题找到了，接着就要在Photoshop 中运用不同的工具来处理这些穿帮问题。

6.3.1 解决穿帮问题："矩形选框工具"和"移动工具"

在拍摄的时候，为了让娃娃的长腿优势更加明显，我选择把相机放置在较低的地方。虽然得到的照片中娃娃的长腿优势明显，但是因为机位低，后景的背景板高度不够，出现了穿帮问题。看起来好像很严重，不过别担心，这种小面积的高度缺失是非常容易解决的。

需要用到的工具是"矩形选框工具"和"移动工具"。

"矩形选框工具"：顾名思义就是可以建立矩形的选框，选定框中的范围。

"移动工具"：可以通过锚点移动或简单拉伸选中的区域。

（1）在 Photoshop 中打开照片原图之后，按快捷键 Ctrl+J 复制背景图层，并重命名为"背景 副本"。

小贴士

在进行后期基础修图的时候，建议在复制的图层上面进行操作，这样可以有原图留底。若修改得不满意，还可以重新用原图进行修改。

本案例之后所有的操作都是在复制的图层进行的，所以之后的教程我就不再赘述复制图层这一步，默认操作基础为复制图层。

（2）选择"矩形选框工具"，按住鼠标左键并拖曳，选中照片顶部到背景板的不接触主体娃娃的部分，将这部分中的背景板拉伸，填满原本穿帮的空间。

（3）在选好选区之后，选择"移动工具"，在其属性栏勾选"显示变换控件"复选框，选择的区域就会出现移动锚点。

（4）按住鼠标左键并向上拖曳顶端锚点，直到背景板把穿帮的空隙填满。如果拖曳锚点的时候是同比放大，则需要关闭属性栏中的"保持长宽比"功能。

选中选区后，也可以按快捷键 Ctrl+T，取消选择"保持长宽比"选项，拖曳锚点，也可以达到相同的效果。

6.3.2　解决小瑕疵："污点修复画笔工具"

在拍摄的时候为了保持娃娃站立的轻盈感，我选择用鱼线辅助，因此在照片中不可避免地有鱼线拉拽的痕迹。另外，因为背后有轮廓补光，娃娃的发丝飞毛在光线下也很明显。这些小瑕疵我们都可以用一个工具解决。

需要用到的工具是"污点修复画笔工具"。

"污点修复画笔工具"：可以简单地通过涂抹去除画面中不需要的部分。

操作方法：选择此工具，将画笔调整到合适大小，在确定需要修复的位置涂抹。

适用范围：比较小的单独的瑕疵，如鱼线、多余的发丝飞毛、地面上的小污点、服装／道具上的小污渍等。

我们一起看看这个工具两种模式的应用案例吧。

1. 内容识别：去除鱼线和发丝飞毛

（1）选择"污点修复画笔工具"，在属性栏中将"类型"改为"内容识别"，这样系统会自动识别瑕疵周围的信息并根据周围的信息创建新的内容，覆盖画笔涂抹的范围。调整画笔的大小，涂抹鱼线和多余的发丝飞毛（红色为演示的涂抹位置，在操作过程中画笔不会变为红色）。

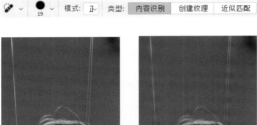

（2）系统识别成功之后，鱼线和发丝就自然地消失了。

2. 近似匹配：去除地毯凹痕

（1）选择"污点修复画笔工具"，将属性栏中的"类型"改为"近似匹配"，这样比较适合瑕疵处于有明显纹理的地方，填充的内容不会出现模糊的情况。调整画笔大小，涂抹地毯凹痕（红色为演示的涂抹位置，在操作过程中画笔不会变为红色）。

（2）系统识别成功之后凹陷消失，并且自然地被同样的地毯纹理覆盖住。

6.3.3 解决大瑕疵："修补工具"和"仿制图章工具"

在去除了鱼线等小瑕疵之后，照片中还有其他几处非常明显的穿帮问题，如中心部分多余的飘带和娃娃背后的支架，在穿帮的同时也分散了娃娃作为焦点的吸引力。

支架和飘带所处的位置比较复杂，处于几个元素的交界处，连背景都有花纹，且瑕疵面积比较大。这个时候就没办法直接用"污点修复画笔工具"来去除。但是我发现旁边的部分有完整背景花纹，这时就很适合用"修补工具"进行修复。

飘带后方花纹与另一块相同

支架旁边的花纹也在附近有相同的
部分

需要用到的工具是"修补工具"和"仿制图章
工具"。

"修补工具"：可以将周围想要的区域填充进所
选范围中。

操作方法：选择"修补工具"，选中需要修复
的选区，按住鼠标左键并拖曳到附近完好的区域。

适用范围：比较大的瑕疵（如支架、夹衣服的夹
子等），且瑕疵周围有合适填补的素材。

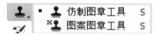

"仿制图章工具"：可以复制照片中一块需要的
区域内容覆盖到不需要的区域上，用画面需要的内容
替换不需要的内容。

操作方法：按住 Alt 键，再单击鼠标左键对需要
复制的内容取样，然后松开 Alt 键，单击需要覆盖住
的部分。这样取样的部分就可以被复制过来了。

适用范围：可以用周围的内容替换不大的瑕疵，
或者是想在画面中增加一些原有的内容。

1. "修补工具"：去除多余的飘带

（1）选择"修补工具"，
按住鼠标左键并拖曳，手动在
画面中圈出飘带的部分。

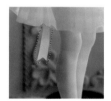

（2）选中选区，按住鼠标左键将其拖曳到旁边
与飘带后方图案相同且完整的花纹区域。移动观察
选区内的花纹，匹配到与飘带后方相同的花纹后松
开鼠标。

2. "修补工具"和"仿制图章工具"：去除支架

因为这次娃娃穿的是芭蕾纱裙，我想要一个背
光来打亮轮廓，显得纱裙更漂亮，所以我在娃娃的背
后放置了一盏 LED 灯。这个灯的支架是后期必须处
理的。

（1）选择"修补工具"，按住鼠标左键并拖曳，
手动在画面中圈出支架的部分。

（2）选中选区，按住鼠标左键并将其拖曳到旁边
与支架背景相同的区域。观察选区内的花纹，匹配到
与支架背景相同的花纹后松开鼠标。

（3）虽然背后的支架大部分消失了，但是还有一点黑色残留。这个小范围的黑色残留需要使用"仿制图章工具"修复。

（4）选择"仿制图章工具"，在属性栏中将"不透明度"设置为48%～50%（图为49%）。调整画笔大小，在娃娃脚附近完好的区域按住Alt键，并单击鼠标左键取样。

（5）在需要被覆盖的黑色残留部分按住鼠标左键涂抹，第一遍操作之后可能还有一些残留，可以把画笔调小进行第二遍细化操作。红色部分是涂抹位置，注意不要来回涂抹，是一点点地取样盖住黑色残留部分。

（6）这步操作考验的就是耐心与细心，最终支架可以完全被去掉。对于另一部分支架，也采用上述步骤操作。

（7）用同样的方法，处理掉照片左侧拉鱼线的亲友的衣服和鞋子。

6.3.4 缩头＋调整身形＋整理线条形态："液化"功能

缩头的注意事项：我一般给娃娃缩头并不是缩小整个头部。在拍摄中，娃娃的头显得臃肿的原因很多时候是假发过于厚重。我本人也不太喜欢给娃娃动脸，所以我在进行缩头操作的时候，主要是缩小头发厚度＋微调肩宽。

这两步操作可以通过"液化"功能来完成。

"液化"功能：可以通过拖曳鼠标来让画面中的部分变形。

操作方法：选择"滤镜"下的"液化"选项，打开"液化"面板，选择"向前变形工具"，按住鼠标左键并拖曳调整形态。

适用范围：需要修改形态的躯体或线条，如缩头、调整身形、调整衣服等。

（1）选择"滤镜"下的"液化"选项，打开"液化"面板。在液化的过程中，为了不影响其他地方，我会把液化附近容易被碰到的区域用"冻结蒙版工具"盖住。选择"冻结蒙版工具"，将画笔调整到合适的大小，用画笔把娃娃的脸和周围容易在液化过程中被碰到的花纹盖上，红色的部分就是被盖住的部分，液化的时候它们的大小、形态、位置都不会改变（这里的红色是操作后真实会出现的）。

（2）选择"向前变形工具"，其力度的影响因素有"密度"和"压力"，两者的数值越大变形越厉害。在修娃娃身形的时候数值都不要太大，我一般调到 50 左右。一般来说，在需要修改形态的部分较大时画笔可以大一点，这里我就使用了可以把娃娃头发覆盖住的大小。

（3）将头发向内推，让头发的厚度变薄。

小贴士

不要过度压缩头发，要考虑到娃娃的头是球形的、是立体的，主要修掉的是多余的头发厚度，过度压缩会影响头本身应该有的饱满度。

（4）稍微把肩部的服装向外推，在视觉上加宽肩

宽，完成之后单击"确定"按钮。

总结一下照片基础后期处理的步骤。

（1）观察照片找到穿帮问题。

（2）分析穿帮问题的处理方式。

（3）对边角可以规避的瑕疵，运用"矩形选框工具"移到画面外。

（4）对各类大小瑕疵，用"污点修复画笔工具""修补工具""仿制图章工具"等进行去除和修复。

（5）对娃娃形体或周围需要修正的线条，用"液化"等功能进行微调。

牢记，修瑕疵这个工作并不是一个工具和功能就能完成的，我们要掌握多个修复工具和功能，并在多次练习中熟能生巧。

因此，我们最好在调色前将照片的基础打好，干净和谐的背景是优秀成片的重要因素。

6.4　综合后期案例2：奇思妙想的仿古工笔画效果

有些时候我们得到的成片会让人觉得有点单调，这个时候后期处理就是解决成片单调问题的好方法。特效、肌理调整也是后期处理时展现奇思妙想的一环。

（1）工笔画基础肌理塑造。在 Photoshop 中打开照片，复制图层，重命名为"图层 1 副本"。执行"图像"→"调整"→"去色"命令，快捷键是 Shift+Ctrl+U。

（2）再次复制图层，重命名为"图层 1 副本 2"。执行"图像"→"调整"→"反相"命令，快捷键为 Ctrl+I，并将图层的"混合模式"改为"颜色减淡"。

（3）对"图层 1 副本 2"执行"滤镜"→"其他"→"最小值"命令。"半径"设置为不大于 3 像素（图中是 2 像素），这一步可以得到素描描边效果。

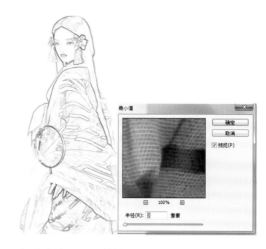

（4）盖印图层，快捷键是 Ctrl+Alt+Shift+E，这一步可以把现阶段所有的效果盖印在一个全新的图层上，再将这个盖印图层的"混合模式"改为"正片叠底"。这样就得到了一个拥有类似画笔线条纹理的图层。

（5）删除盖印图层下的"图层 1 副本"和"图层 1 副本 2"，并把盖印图层的"不透明度"改为 20% 左右。上述所有操作是为了让原图拥有工笔画的肌理。拥有基础的肌理对于目标效果"仿古工笔画"是远远不够的，一般来说工笔画的颜色饱和度不高，仿古做旧效果还会让画作整体偏绿、发黄，所以接下来就要进行细化调色。

原图　　　　　　　工笔画肌理操作后

（6）工笔画仿古色调的调整。按快捷键 Ctrl+Alt+2 建立高光选区，这样图中的高光部分就被选中了。在此选区上创建"可选颜色"图层。"颜色"选择"白色"，设置"青色"为"+70%"，"洋红"为"+53%"，"黄色"为"+20%"，"黑色"为"+23%"。

（7）将此图层的"不透明度"设置为"66%"，"填充"设置为"66%"，这是为了让高光偏蓝绿色。前后对比如下图所示。

（8）按快捷键 Ctrl+Alt+2 选取照片的高光部分，在此选区上创建"色彩平衡"图层。在面板中设置"色调"为"高光"，调整参数如下图所示。这是为了让高光的蓝绿色更显眼。

（9）建立"色相/饱和度"图层。设置"色相"为"+4"，"饱和度"为"-12"，"明度"为"-14"。

（10）单击"色相/饱和度"的图层蒙版，用黑色画笔在"色相/饱和度"蒙版上涂抹娃娃脸上及衣

服上的高光部分。蒙版中黑色部分为无效果，白色部分为图层效果。这是为了让整体更有古画的暗沉黄化感，并且通过蒙版保留了脸部和衣服的高光状态。

（11）使用纯色图层的"排除"模式增加画面灰度。执行"图层"→"新建填充图层"→"纯色"命令，新建填充图层，在弹出的对话框中设置"模式"为"排除"。

（12）"颜色"选择深棕黑色（R22，G18，B16）。这步调整并不明显，只是为了增加画面的灰度，进一步强调古旧褪色的感觉。

（13）使用"照片滤镜"做颜色修整。新建"照片滤镜"图层，在"属性"选项卡中设置"滤镜"为"Underwater"（水下），"密度"为"30%"。这是因为我觉得之前的颜色偏红，叠一层绿色中和一下。

小贴士

到这里，仿古工笔画的基础调整就完成了，原本为了塑造纸张的纹理，后续应该还要贴一些纸张纹理素材。因为我没有找到合适的素材，所以这里我就不用图片演示了，只给读者讲述这个过程。

在 Photoshop 中打开准备的纸张纹理素材，按住 Ctrl 键，并单击鼠标左键选中整个素材，按快捷键 Ctrl+C 复制图层，然后回到刚刚的仿古工笔画图层，按快捷键 Ctrl+V 粘贴这个素材。把复制过来的素材的"混合模式"改成"正片叠底"。这样就可以进一步增加古画的肌理。这种方法还可以用来贴其他的纹理素材。

在修图软件中打开一张照片后，我们应该从哪儿开始、到哪儿完成？这个完整的流程如何操作？整个后期操作的逻辑又该如何理顺呢？下面我将 BJD 摄影后期处理比较常用的步骤介绍给大家，让我们一步步来。

小贴士

建议在原始图层的复制图层上进行操作，关于图层的排序、复制、合并等操作除必要外将不再赘述。

后期处理前后对比
后期处理使用软件： Photoshop

6.5.1 解决娃娃整体的形态问题

1. 调整娃娃的身高与头身比

有时候想让娃娃看起来更加修长，特别是头围相对较大的娃娃，躯干拉长后整体的视觉效果更佳。一般建议此步骤放在第一步使用原始图层完成，可以省去后续调整、合并图层等操作，比较省时省力。

（1）复制图层，选择"裁剪工具"，将照片的背景画布裁剪得稍长一点，具体长度视需求而定。

（2）选择"矩形选框工具"，框选画面中需要拉长的部分。

（3）执行"编辑"→"自由变换"命令，按住Shift键，并按住鼠标左键拖曳，将选区拉长即可。然后按快捷键 Ctrl+D 取消选择。

2. 调整娃娃躯干曲线

（1）按快捷键 Shift+Ctrl+X，打开"液化"面板，选择"冻结蒙版工具"，把画面中不想被接下来的操作影响到的区域盖住。

（2）选择"向前变形工具"，轻推画笔，按照我们希望呈现的体态去调整娃娃的躯干曲线。例如，这里我希望娃娃的肩部呈现左高右低的状态、水袖飞起来的部分可以再宽一点等，同时调整一下衣服的起翘、头发不服帖等小问题。

调整前后对比

6.5.2 调整曝光与初步调色

1. 初步调整画面明暗与色调

（1）打开"Camera Raw 滤镜"的操作界面，在"基本"选项卡中对画面进行调整。这里我希望使这张照片整体的明暗对比均匀（原图整体有点欠曝），因此需要将曝光调高，同时将高光调低一点、阴影调高一点。另外，调大清晰度和去除薄雾的数值，让人物的轮廓更清晰、画面的呈现效果更清透。

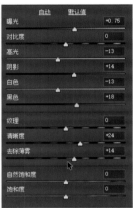

调整前后对比

（2）单击图中右下角的 图标，在弹出的列表框中选择"色彩平衡"选项。这张照片是在园林中拍摄的，调色方面希望往清新、诗意的方向进行调整，因此给中间调和阴影部分增加青色和蓝色。娃娃的皮肤主要由高光中的黄色、红色所决定，因此高光往黄

色、红色方向调整，可以令娃娃的肤色整体看起来更通透、更真实。

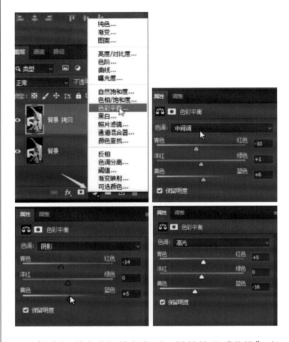

（3）调整完大概的颜色后，继续使用"曲线"功能处理。调整后照片中有阳光照射的区域有点过曝，因此向下调整曲线的最右点，压低亮的部分。曲线的最左点稍微抬高，可以让照片暗的部分看起来带有一丝雾感，比较符合这张照片需要的氛围。

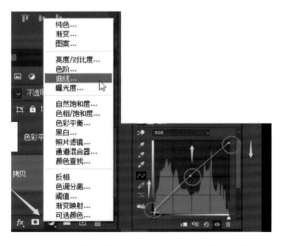

（4）打开曲线的红色通道、蓝色通道，调整照片亮的部分的色彩。这一步操作会使娃娃的脸部发黄、

发绿，但是没关系，我们接下来会做进一步处理。至此，照片整体的调色就差不多了，我们可以继续处理细节色彩。

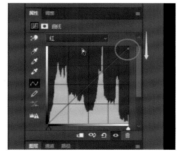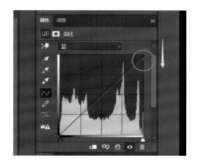

2. 娃娃脸部肤色矫正

调整完曲线后，娃娃的脸部发黄、发绿，这时候可以选择"画笔工具"，再选择硬度较低的笔刷，按需调整透明度，将颜色"前景色"调为"黑色"。然后，选择"曲线"图层的蒙版，使用画笔在需要减淡曲线图层影响的区域涂抹。这里娃娃的脸部和衣服的水袖部分受干扰较大，因此可以把这几个区域从蒙版中涂掉。

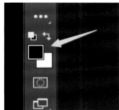

调整前后对比

6.5.3 人物细节修型

1. 人物整体精细调色

（1）复制图层，选择"快速选择工具"，将人物的轮廓勾画出来。

需要注意，细节的位置要仔细处理。如果选区超出范围，可以单击鼠标右键，在快捷菜单中选择"选择反向"选项，重新把超出的部分反选回去。

（2）选好区域后，建立蒙版，同时调整"属性"选项卡中的"羽化"选项，让蒙版的边缘模糊，这样调整完毕后边缘就不死板了。回到图层，打开"Camera Raw 滤镜"进行调整。

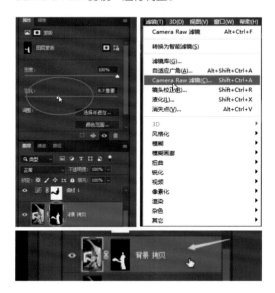

（3）照片中的娃娃因为穿着红色的衣服，经过上面的几番调整后颜色变得有些偏洋红色。因此，这里在"混色器"选项卡中，拉高了红色、橙色的橘调，同时将人物主体的光比减弱，调高清晰度，让人物在画面中显得更加立体。

小贴士

此步骤可使用"色彩平衡"功能搭配蒙版，或者是使用"可选颜色"功能搭配蒙版。大家根据自己的使用习惯来选择即可。

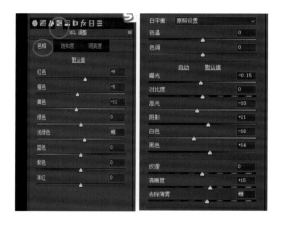

2. 人物脸部细节处理

（1）选择"画笔工具"，再选择一个合适的笔刷，观察照片光线的方向，为娃娃的眼珠点上"眼神光"，颜色一般选择白色就可以了。

（2）娃娃的山根、鼻子、额头处还略微有点过亮，可以选择"加深工具"，"范围"选择"高光"，曝光度按照需求调整，然后涂抹面部过亮区域即可。

调整前后对比

（3）再次复制图层，使用"快速选择工具"单独选出娃娃的脸部。

（4）建立蒙版，记得羽化边缘。

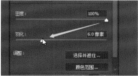

（5）回到图层，打开"Camera Raw 滤镜"进行调整。娃娃的脸部有点泛白，清晰感不足，因此在"基础"选项卡中调整清晰度，同时增加一点黑色。娃娃的腮红、嘴唇有点偏洋红色、偏荧光，因此在"混色器"选项卡中将红色的明亮度调低，同时往橙色的方向调整。

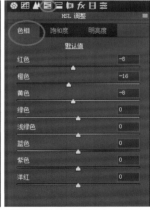

6.5.4　背景处理及照片整体氛围调整

1. 为照片增加一层暖光滤镜

因为这张照片是在树荫下拍摄的，照片的光线感不是很强烈，所以需对背景进行单独处理。处理得当的背景能让整张照片的氛围感大不一样。

（1）新建一个图层，前景色选择带有一点灰调的橘色，按快捷键 Ctrl+BackSpace，使用该颜色填充图层。

（2）将图层的"混合模式"改为"正片叠底"，同时根据我们的需求调整图层的不透明度。

小贴士

选择合适的"正片叠底"可以为照片增添暖光感、做旧感。如果选择灰色进行填充，能为照片增添暗调感；如果选择蓝灰色进行填充，能增添照片的冷淡感。总之，不同色彩的"正片叠底"能赋予照片不同的感受，大家可以试试看。

2. 背景区域精细处理

（1）再次复制图层，使用"快速选择工具"单独选出背景部分，使用"Camera Raw 滤镜"进行调整（具体操作同上文所述）。降低画面背景的清晰度很重要，不仅可以更好地凸显娃娃，还可以让照片有种虚实结合的朦胧感。背景中绿植的青绿色有点突兀，可以将绿色、浅绿色的色相往蓝色方向进行调整。同时，调低黄色和绿色的饱和度，调低绿色的明亮度，调高黄色的明亮度，让绿植与背景更加和谐。

（2）使用"加深工具"对红色框中的区域进行加深，使用"减淡工具"对黄色圆圈的区域进行减淡，丰富画面层次，增强透视感。

调整前后对比

3. 添加渐变柔光，强调画面的明暗过渡

（1）新建图层，单击"渐变工具"，可以在"渐变编辑器"中自定义选择一个渐变的色彩，这里我选择了"暗部灰蓝—亮部淡橘黄"的渐变色，符合这张照片的使用需求。观察明暗走势，根据照片的特点，在图层中拉出渐变效果进行填充。

（2）按需调整图层的不透明度，并将图层的"混合模式"改为"柔光"。

4. 添加"柔光"氛围感效果

可以视情况为照片添加"柔光"氛围感效果。复制图层，执行"滤镜"→"模糊"→"高斯模糊"命令，设置"半径"为20～30像素即可，将图层的"混合模式"改为"滤色"。

然后执行"图像"→"应用图像"命令，调整"混合模式"为"正片叠底"，按需调整图层不透明度就完成了。

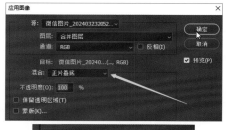

调整前后对比

5. 压缩照片并保存

最后便是保存我们的成果了。如果照片过大，可以执行"图像"→"图像大小"命令，在宽度、高度中选择"百分比"，一般按50%～70%的比例压缩照片（不要忘记把锁定比例打开）。

总结：后期处理的步骤虽然繁杂，但操作流程其实是有规律可循的。大家可以厘清思路后把需要处理的问题分成几个大的板块，有条不紊地逐一解决。如果觉得刚上手很吃力，那不妨多练习几次，熟能生巧。

> **小贴士**
>
> 添加"柔光"氛围感的操作也可以在拍摄前期完成，如在 UV 镜上薄涂凡士林、镜头前套一层丝袜，或者是使用 1/4 黑柔滤镜，都可以达到差不多的效果。如果拍摄前忘记了这些操作，那么可以进行后期处理。

第 7 章
玩娃小心得

1. 初学者怎么开始练习拍娃

摆不好姿势、打不好灯这些问题的解决方法就是多练习。正如前文所说，复杂的多灯布光，以及摆姿势需要注意的点有很多，刚开始就想要面面俱到难度很大，反而会让人产生挫败感，因此刚开始练习时不妨只关注一两个要素，如着重练习辅光的打法、练习胸关节的拗法等，等熟悉后再练习其他内容。

2. 娃娃道具配饰一柜收纳：图纸柜的妙用

我在家购置了一个图纸柜，最开始只买了一层，专门放娃娃的头和身子，非常完美地容纳了家里的全部娃娃。后来，我又购置了一层，并把所有的配饰、道具、小物等分类收纳，整理效率直接最大化了。

注意以下几点。

（1）图纸柜单层深 7.5cm，壮叔（ID75 等）、大女体等并不一定合适，我家 66cm 以上的大女体含胸可以正好放进去，壮叔就不一定了。

（2）使用抽屉分割板、抽屉分割盒，甚至牛皮纸外卖盒都可以划分空间。

（3）衣服比较多的话不太建议装入图纸柜，可以使用其他收纳工具。

3. 灵感相册

在手机里建立一个创作灵感相册，把各种参考图都放进去，没事就拿出来翻一翻，总会有新的想法蹦出来，这对于提升创作欲望非常有效。

4. 培养画面感

我的一个小方法是看"俳句"，这种艺术的文字一般非常短，但是常常能展现一幅完整的画面。我会通过这种方法来刺激思维，锻炼我的想象力。

5. 练构图

建议多看一看各种习作、电影，会非常有帮助。此外，可以多关注一些优秀的插画师，揣摩他们的构图是怎么做到的，并不用刻意去模仿。我不太擅长大场面构图和广角构图，平时也在学习这方面的内容，在学习的过程中逐渐摸索出自己的拍摄习惯和特色是最重要的。

6. 视线方向

一是斜眼有时更灵动；二是娃娃不一定非要看镜头。

7. 如何拍摄有质感的娃片

质感跟画质、调色、主题设计都是分不开的。

画质：尽量不要在特别暗的环境中拍，相机不是人眼，性能没有这么好，特别暗的环境会让画质严重受损。

调色：不要无脑套预设，要根据每次拍摄的内容来调色，这样才会有质感。

主题设计：要多想细节，如布景的细节、动作的细节等。观察搜集来的素材是什么样的，抓住这些细节，拍出来才会更有感觉。

7.2 宁子的玩娃小心得

1. 外景拍摄的最佳时间——没有大太阳的时候

这是不是与很多人认为的"阳光正好好出片"思维相悖？为什么我认为在没有大太阳的时候更好拍摄呢？因为太阳较大时阳光是硬光，这种硬光很容易让画面变得呆板，失去细节。而多云或不是大太阳的时候，阳光就很温柔，在不使用过多灯光道具的情况下也可以出片。

这并不是说有大太阳时就不拍照，我们可以找到合适的场景，运用植被的遮挡得到美丽的光斑，为画面增添氛围，或者运用遮光板、反光板来获得合适的效果。

在阳光明媚的树荫下，获得美丽的光斑

2. 让一切变得华丽的方法——躺平

在不知道怎么摆姿势的时候，我有一个非常偷懒的小技巧——让娃娃在拍摄环境中躺下。无论在外景拍摄还是内景拍摄中都可以使用。

让娃娃躺下之后，你会发现一切都变得自然起来，环境中的一切都有一种华丽感。

另外，可以通过只拍摄正面的近景让人感受不到这是躺倒的姿势，这样拍非常适合强调娃娃本身。

3. 灵感不会枯竭——建立自己的脑洞笔记本

有时我们想到一个拍摄的点子，即使在当时的评估下觉得很难实现，也不要放弃这个点子，把它记在小本本上，可以预先提取一下这个点子的美学关键词（如道具、颜色、服饰风格、拍摄场地）和最难实现的部分。在日常看剧、查资料的时候注意一下，说不定某一天就发现了符合关键词的物品或实现方法了。脑洞的积累也是审美积累的一部分。

7.3 Koharu的玩娃小心得

说到我的玩娃小心得，其实一些不起眼的妙招可以让我们玩娃娃的时候更轻松。不仅好玩，而且特别实用。这里我总结了4个，希望能对大家有所帮助。

1. 妙招一：可动眼珠

想必每个玩娃人都有过这样的经历：在户外拍照时，娃娃的眼神方向不对，还要把假发脱掉、头盖打开，一点点地调整眼珠的方向，真的很不方便。这里介绍一个简单制作可动眼珠的方法，这样外拍的时候就方便多了。

┌─── 小贴士 ───┐

此方法并不是本人原创的，我也是从其他博主处学习而来的。因时间久远，无法找到信息源，因此在这里以自己的语言进行转述。

此方法只适用于接近半球形的眼珠，棋子形、船形等其他形状的眼珠不太适用。

需要准备的材料：眼珠、锡纸、圆片纳米胶、各种尺寸的半珍珠片（12 ~ 20mm）。

（1）把圆片纳米胶贴在眼珠底部，选择尺寸接近的半珍珠片贴在其背面（如14mm的眼珠用14mm的半珍珠片；18mm的眼珠用18mm的半珍珠片，在电商平台上购买"各尺寸混合装"即可），让眼珠整体成为一个球形。需要注意的是，圆片纳米胶的尺

寸不能大于眼珠直径，如果贴上后有纳米胶溢出边缘，需要仔细剪掉，否则会影响眼珠的灵活性。

（2）把锡纸捏成碗状并用其将眼珠包裹住。锡纸碗的上缘可以厚一点、向上凸起一点。同时尝试转动眼珠，确认其可以灵活地转动。

（3）用较厚的眼泥将锡纸碗的上缘包裹住，确认眼珠部分没有沾到眼泥。然后将这个整体正

常地安入娃娃的脑内并做好调整（不要安装得太紧，眼珠如果紧紧地卡住娃娃眼眶，也是不好转动的）。

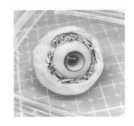

大致的结构截面如下图所示。

安装好后，使用棉签拨动眼珠，就可以改变眼珠的方向了。这样即使不打开娃娃的头盖，也能随时调整眼珠。在外拍的时候非常方便。

2. 妙招二：纸巾的妙用

纸巾其实是我们随手可得的玩娃小帮手，可以帮我们临时固定、增宽、增高娃娃的身体。

因为构造的限制，很多娃娃素体的手肘关节有一定的弯曲程度，不能 180° 折叠。

如果想摆出手肘完全折叠的姿势，只能我们自己用手捏着它，手一松它就弹回去了，拍照的时候很难处理。

这个时候我们就可以把纸巾捏成团，将空缺的位置暂时顶住。这样，手肘就能稳定地摆出我们想要的角度了。

有时候会想"如果娃娃的肩能再宽一点就好了"，特别是当娃娃的头围较大时，增宽肩部可以有效地解决比例不协调的问题。此时不妨试试在肩关节里塞入一团纸巾，也可以塞入硅胶密封橡胶垫，具体要看娃娃的胳膊尺寸。例如，ID75 尺寸之类的壮叔可以使用 1 寸型号的硅胶垫。

塞入纸巾后，肩关节被暂时顶出来了，显得肩部整体增宽了不少。

娃娃的颅顶太低、头围太小，戴上固定尺寸、没有弹力的假发后经常显得又大又空，像脑袋上顶了一口锅，非常滑稽。

此时，拿张纸巾叠一叠，用美纹纸胶带将其贴在娃娃的头顶上（或者贴在后脑勺），可以增高颅顶、加大头围，再戴上假发就合适多了。

纸巾的妙用还有很多，大家可以多尝试、多练习，说不定在拍照的时候可以帮上大忙。

3. 妙招三：控制飞毛

虽然说可以使用 Photoshop 进行后期处理，但拍照时当然是假发飞毛越少越好。我们可以使用一些美发产品，让假发乖乖服帖。

轻薄的高温丝假发很容易到处乱飞，拍照时不好处理。

此时，我们可以使用保湿啫喱，将其涂在高温丝假发的表面即可有效减少飞毛。不用担心会有残留，适量涂抹不会留痕。

处理后的高温丝假发很柔顺，适合拍照时佩戴，同时可以减少我们的后期工作量。

马海毛假发虽然柔软，但是细毛较多，如果放在袋子里稍加摩擦便会起静电。即使喷水按压下去，过不了一会儿，小细毛便又支棱起来了。

此时我们可以将羊绒脂喷雾均匀地喷在马海毛假发的表面，然后用手轻轻梳理一下，可以让马海毛的小细毛服帖，并且有效地减少静电，使马海毛假发在几个小时内都很顺滑。

4. 妙招四：穿裙子增高

想穿气场十足的大裙子，奈何自家娃娃的身高不够，撑不起来。此时，可以利用支架和尼龙扎带轻松得到我们想要的效果。

选用卡裆型的 BJD 支架，将支架伸缩杆拉到我们想要的高度，然后用尼龙扎带将娃娃的脚踝与支架伸缩杆紧紧地绑在一起。

将裙摆放下来，把腿部遮住，这样无形地增加了娃娃的身高。裙摆不拖沓，拍照更上镜。

玩娃娃的小妙招还有很多，毕竟，娃娃本身就是一种可玩性非常高、可挖掘性非常广的艺术人偶。期待大家多尝试、多实验！